中等职业教育幼儿保育专业（新标准）规划教材

幼儿发展心理基础

岳 勇◎主编

编委会

主 编 岳 勇

副主编 裴明慧 邹洪玮 徐耀勇

编 委 （按姓氏笔画排序）

韦国菲 方 典 纪秀丽 祁 荣

杨顺红 何文明

長江出版傳媒 湖北科学技术出版社

图书在版编目（CIP）数据

幼儿发展心理基础 / 岳勇主编 . —武汉 : 湖北科学技术出版社 , 2023. 8

ISBN 978-7-5706-2524-6

Ⅰ. ①幼…　Ⅱ. ①岳…　Ⅲ. ①婴幼儿心理学－中等专业学校－教材　Ⅳ. ① B844. 12

中国国家版本馆 CIP 数据核字 (2023) 第 069465 号

责任编辑：傅　玲
责任校对：秦　艺　　　　封面设计：曾雅明

出版发行：湖北科学技术出版社
地　　址：武汉市雄楚大街 268 号（湖北出版文化城 B 座 13—14 层）
电　　话：027-87679468　　　　邮　　编：430070

印　　刷：湖北新华印务有限公司　　　　邮　　编：430035

787×1092　1/16　　14.5 印张　　360 千字
2023 年 8 月第 1 版　　2023 年 8 月第 1 次印刷
定　　价：36.00 元

前言

QIANYAN

“幼儿发展心理基础”作为幼儿保育专业的一门基础课程，是根据《3—6岁儿童学习与发展指南》的基本要求，参考《幼儿园教师专业标准（施行）》的部分要求进行编写的，旨在帮助中职学校、技（术）工学校、培训机构幼儿保育专业学生更好地掌握幼儿心理发展的基本规律，熟练运用相关知识和方法引导、培养幼儿心理健康发展，为学生职教高考和将来在幼儿园实地工作奠定理论基础，并提供实操性指导，同时也可以助力家庭教育。

编者充分考虑到中职学生的学习特点和职教高考的要求，在技能型人才培养理念指导下，以任务驱动的思路统领编写，教材特色鲜明。

1. 任务驱动统领全篇。从体验、分析、梳理、练习培养等环节，带领学生体验感知幼儿心理发展，梳理掌握幼儿心理发展的基本规律，然后学以致用，通过练习模拟培养技能，增强解决问题的能力。

2. 尊重规律服务学生。尊重中职生的学习认知规律和习惯，教材的内容组织上每个活动都有活动导读、学习目标、内容结构、案例导入等，让学生由体验到感悟，由认同到培养，由精华提炼到思维导图，由拓展阅读到技能高考，从总到分，再由分到总，知识体系明晰，技能目标明确。

3. 呈现形式丰富动感。教材在字体、重点句段、图标、知识框架、思维导图、小游戏等方面丰富教材的呈现形式，以图代文、以表代文增强教材的形象化，以动代静、以用代记，细化行为导向，增强教材动感。

4. 注重基础适当拓展。融合专业能力和岗位技能，注重基础性和应用性，在夯实理论基础的同时，注重了知识和技能的拓展性，增加了幼儿心理健康维护部分，以满足当前社会对幼儿发展心理基础知识的需要。

在教材的使用过程中，建议以体验梳理为主，讲授练习为辅，将学生体验、分析、梳理、练习融为一体，帮助学生逐步实现由不愿学到被动学，再到主动学的转变。循序渐进地构建幼儿发展心理的基础知识体系。特别是每个活动的练习培养任务，要坚持训练，提高学生的实操能力，促进学生对所学知识的理解与运用。

课时分配上，建议每个活动 6—8 课时，按每周 2 课时计划安排，两学期可以完成。在具体实施中，也可以根据学生学习状况和内容的难易程度进行调节。

本教材由岳勇担任主编，裴明慧、邹洪玮、徐耀勇担任副主编，韦国菲、方典、纪秀丽、祁荣、杨顺红、何文明参与编写。

本教材在编写过程中参考和借鉴了国内外许多相关文献资料，在此向各位作者表示衷心的感谢。同时，本教材得到了湖北科学技术出版社的大力支持，一并致以诚挚的谢意。尽管我们在编写过程中做了大量的工作，但由于水平有限，教材难免有不足之处，敬请广大师生和专家提供宝贵的意见和建议，以便我们进一步修正和完善。

编　者

2023 年 8 月

目录

CONTENTS

目录

CONTENTS

活动1　探究心理学的基础知识

活动导读

在日常生活中，幼儿的行为多种多样，有时开怀大笑，有时放声大哭，有时大打出手，有时自言自语，这些行为背后都有一定的心理活动在支撑着，这也是幼儿心理发展研究的内容之一。通过本活动，我们将了解心理学的含义、心理现象的分类及心理的实质，掌握幼儿心理发展研究的对象、任务、意义及方法，了解幼儿心理学研究的各理论流派的主要观点。为更好地认识幼儿心理活动规律，奠定基础知识。

学习目标

1. 了解心理学的含义、心理现象的分类及心理的实质。
2. 掌握幼儿心理发展研究的对象、任务、意义及方法。
3. 了解幼儿心理学研究的各理论流派的主要观点。

内容结构

学前构建	学后归纳
探究心理学的基础知识 —体验心理过程，了解心理现象及其分类 —分析研究任务，梳理研究意义及方法 —梳理国内幼儿心理研究的主要观点 —梳理国外幼儿心理研究的主要观点	

任务1　体验心理过程，了解心理现象及其分类

案例导入

朵朵3岁了，最近一段时间，妈妈发现朵朵有点儿反常，曾经温顺可爱的小姑娘爱上了唱反调。吃饭的时候，妈妈说："我们去吃饭吧，好吗？"朵朵头一扭说："不！"到了该睡觉的时候，妈妈说："我们是不是该睡觉了？"朵朵又使劲摇头，大声说："不！"妈妈说睡觉前不许吃糖，可她就是哭着嚷着要吃糖……这样的事情，最近数不胜数。对此，妈妈感觉很奇怪："朵朵一直都很乖，为什么突然间像变了个人似的呢？"

本案例中，朵朵的行为属于幼儿心理发展中的自我认识、个性发展方面的现象，是幼儿心理发展中正常的表现，也是幼儿心理发展中的必经阶段。

一、谈一谈心理现象

在日常生活中，心理现象无处不在。在与别人的交往中、在学习工作的过程中所体验到的感受都属于心理现象。比如你发现自己平时活泼开朗的好朋友最近几天像变了一个人似的，整天愁眉苦脸、无精打采、对什么事情都不感兴趣，即使你没有学过心理学，你也会猜测他是不是心情不好或遇到了什么烦心事。这就是心理学要研究的内容，即心理的表现形式——心理现象（简称心理）。所以心理学就是研究人的心理现象的发生及其发展规律的科学。

尽管人类很早就已经开始探索自己的心理了，但直到1879年，德国心理学家威廉·冯特在德国莱比锡大学创立了世界上第一个心理实验室，才标志着实验心理学的诞生，心理学才成为一门独立的学科。

二、理一理心理现象的分类

课堂小活动

老师在上课时经常发现有些同学在讲小话、做小动作，甚至睡觉，老师需要制止这种行为。请同桌分别扮演教师和同学两个角色，完成制止活动表演，然后分享自己的心理过程。

刚才同学们分享的内容就是心理现象中重要的一部分即心理过程。心理学将心理现象分为心理过程和个性心理两大部分。

（一）心理过程

心理过程是指心理活动发生、发展的过程，也就是人脑对客观现实的反映过程。心理过程包括认知过程、情感过程和意志过程。

1. 认知过程

认知过程包括感觉、知觉、记忆、想象和思维，其中思维是核心。

例如，人可以辨别物体的颜色和形状，分辨各种声音、气味、味道以及空间远近和时间长短等，这都是感知觉的作用；学过的知识或经历过的事情能够被记住或回忆，这是记忆；电影《流浪地球》与人们的想象有关；人们还能够利用事物之间的关系和联系，去思索问题、解决问题，这是思维在起作用。

2. 情感过程

情感过程是人在认知事物时产生的各种内心体验，如喜、怒、哀、惧等。

例如，被老师、家长表扬时会产生高兴、喜悦的情绪体验；当个人需要得不到满足时，则会生气、发怒；亲人离世时则会哀伤；面对陌生环境或做没有把握的事情时则会产生恐惧的心理。

3. 意志过程

意志过程是一个人有意识地确立目标，调节和支配行动，并通过克服困难和挫折，实现预定目标的心理过程。

例如，上课时你非常想睡觉，但是这一节课的内容又非常重要，你为了能够认真听老师讲课，会运用自己的意志（如站起来、掐大腿等）来避免打瞌睡的现象。

心理过程（见图 1–1–1）是一个统一的过程。认知过程是最基本的心理过程，是情感过程和意志过程的基础；情感过程是认知过程和意志过程的动力；意志过程则对人的认知过程和情感过程具有调控作用。

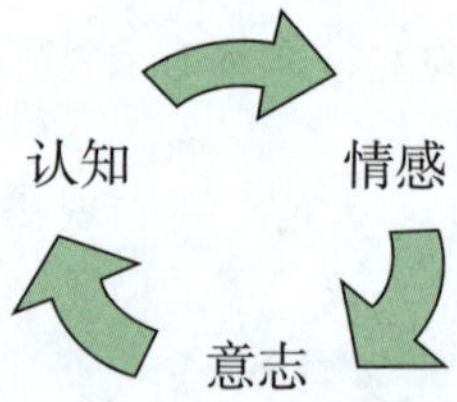

图 1–1–1　心理过程

（二）个性心理

人的心理不仅有各种各样的心理过程，而且在具体人身上产生时，还表现出鲜明的个性特点，正所谓“人心不同，各如其面”。由于每个人所处的社会环境、生活条件以及所受教育程度不同，因此，人与人之间在心理风格和面貌上存在着差别，这就形成了个性心理的差异。

人的个性心理由个性倾向性、个性心理特征、自我意识三部分构成。

心理过程和个性心理共同构成个体的全部心理活动。心理过程是个性心理的基础，个性心理形成后又会直接影响心理过程。有人形象地说，心理过程是动态心理现象，而个性心理特征则是静态心理现象。

三、看一看心理的实质

（一）心理是脑的机能

任何一种生理现象，其发生都有物质基础，如肺是人呼吸的物质基础，而人的心理产生的物质基础就是脑。所以说脑是心理的器官，心理是脑的机能。

1. 脑的结构

脑是神经系统的重要部分，由延髓、脑桥、中脑、间脑、小脑和大脑组成，其中最发达的部分是大脑（见图 1–1–2）。

人的大脑分左右两个半球，其中大脑外部的皮层是高级神经中枢。大脑的表层覆盖着一层灰质层，叫作大脑皮质，简称皮质（见图 1–1–3）。大脑半球的表面布满凹凸不平的褶皱，凹陷的部分称为沟，凸起的部分称为回。大脑皮质被分成四个部分，即额叶、顶叶、颞叶和枕叶。

大脑中还包括低级神经中枢，主要用于调节情绪和维持机体功能及生命的基本活动，如心跳、呼吸、吞咽等。

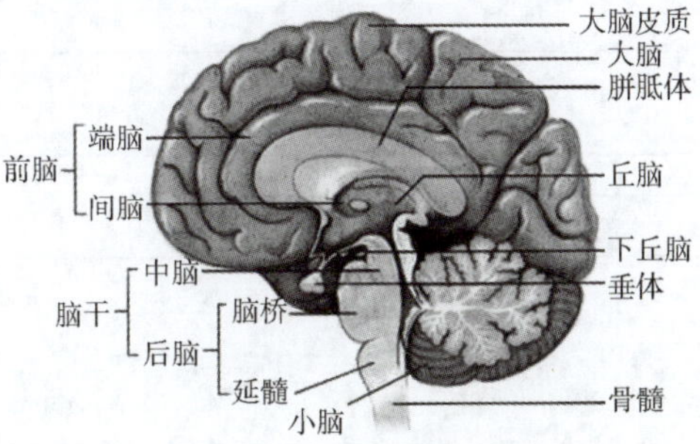

图 1–1–2　人脑结构图

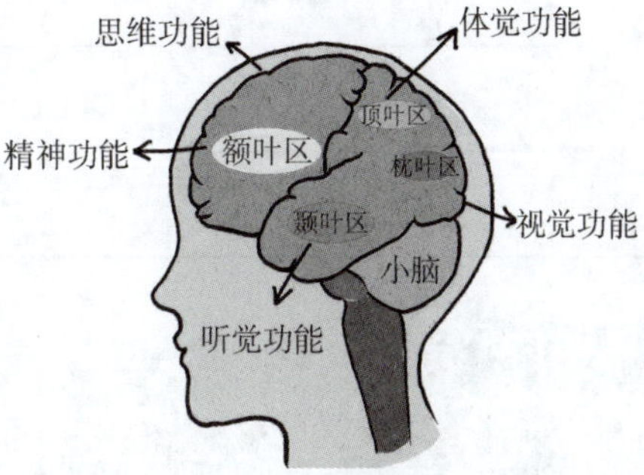

图 1–1–3　大脑皮质功能区

2. 大脑的功能区

大脑的两个半球是不对称的，有各自不同的功能和优势。左半球主管身体的右半部分，右半球主管身体的左半部分。大脑左半球的功能和优势主要表现在言语、数字和逻辑推理能力等方面，右半球的功能和优势主要表现在物体的空间关系、音乐和艺术能力等方面。大脑的两半球需要相互协调活动。

大脑皮质中，额叶控制着人有目的、有意识的行为，顶叶与躯体感觉有关，颞叶负责听觉功能，枕叶则与视觉有关。

（二）客观现实是心理的源泉

产生心理现象的器官是脑，但这并不意味着有了脑就有心理现象。人的心理现象并不是人脑所固有的，人脑只是一种反映器官，还要有客观现实作用于人的感觉器官，影响人脑，才能产生心理现象。所以心理现象的产生不能没有反映的器官，即人脑；也不能没有被反映的对象，即客观现实。也就是说，客观现实是心理的源泉。

（三）人的心理具有主观能动性

人脑对客观现实的反映，是积极、主观能动性的反映，主要有以下表现：

一是，人脑对客观现实的反映会受到个人态度的影响，如同一件事情，“仁者见仁，智者见智”。

二是，人脑对客观现实的反映会受到个人经验的影响。个人经验是认知新事物的基础，积极的经验会提升认知新事物的效果，消极的经验会阻碍对新事物的认知。

三是，心理的主观能动性还表现在可以对个人行为进行调节和支配上。个体的行为要付诸实施，总会受到特定需求、动机及环境的预判等综合分析，做出抉择，这个过程就会接受大脑的评价和修正，从而达到内部动机和行为的统一。

四是，心理的主观能动性，在婴幼儿身上，还表现在其大脑并不是一张白纸，也具有朴素的物理学、生物学、心理学知识，能够对许多物理现象、生物现象、心理现象有自己的看法。

因此，客观现实是心理的源泉，心理是人脑对客观现实主观能动的反映。

思考：心理的反映与镜子的反映有什么区别?

精华提炼

拓展阅读

1920 年，在印度西北部的山区发现了两个“狼孩”。当她们回到城市时，仍用四肢行走，膝盖着地并用嘴舔地面上的水。她们不肯穿衣服，害怕强光，深夜还发出嚎叫，不喜欢和人接近，缺乏人的情感，其中一名叫卡玛拉的七八岁女孩，智力仅相当于在人类社会生活中 6 个月婴儿的智力水平。她们的心理发展明显落后于常人。这些事实表明，有了脑而没有客观现实便没有心理现象，离开了社会生活，人的心理现象便不能得到正常发展。

——整理节选《幼儿心理学》，李国祥

任务 2 分析研究任务，梳理研究意义及方法

案例导入

圆圆的父母经常抱怨说，自从孩子到了 1 岁之后，吃饭便成了一件令他们头疼的事。圆圆总是不好好吃饭，每次吃饭时，不是看电视、看手机，就是爬上爬下、玩玩具，要不就是要大人喂，甚至要满屋子追着到处喂饭。每次家里吃饭时就会搞得跟打仗一样，即便再美味的食物，也因这种就餐的气氛而索然无味，弄得父母苦不堪言。

本案例中圆圆的行为需要家长读懂幼儿的“心”，运用幼儿的心理发展规律，培养幼儿形成良好的习惯。就像著名教育家叶圣陶曾说：“教育就是培养孩子的好习惯。”读懂幼儿的心，掌握幼儿心理发展的规律就是我们幼儿心理发展研究的主要任务之一。

一、理一理幼儿心理学的研究任务

（一）幼儿心理学的研究对象

心理学有许多分支学科，如普通心理学、发展心理学、社会心理学、教育心理学等。其中，发展心理学是主要研究个体从受精卵开始，到出生、成熟、衰老直至死亡的整个生命周期的心理发生发展的趋势和规律的学科。在发展心理学中又有一个强壮的分支学科叫作儿童心理学，是主要研究儿童的心理发生发展的趋势和规律的学科。1882 年，德国儿童心理学家普莱尔根据对自己孩子的观察，写成了《儿童心理》一书，标志着儿童心理学的诞生。

幼儿心理学则是儿童心理学的一个分支，是主要研究人在婴幼儿阶段的心理特征和发展趋势的学科。幼儿心理学的研究对象主要为 3~6 岁幼儿。近年来，随着对婴幼儿身心研究的深化和实现托幼一体化发展的需要，0~3 岁婴幼儿也被纳入幼儿心理学的研究范围。

（二）幼儿心理学的研究任务

1. 阐明幼儿阶段心理变化的基本规律。

幼儿阶段心理变化的基本规律，如幼儿的感知觉、注意力、创造力、想象力、记忆、思维、言语等各种心理现象发生的时间、顺序和发展趋势，以及随着年龄的增长，幼儿各种心理活动所发生的变化、各个年龄阶段心理发展的主要特征。

2. 解释幼儿心理发展变化的机制。

幼儿的心理为什么会发展，有哪些因素会影响幼儿心理的发展，这些因素是如何影响和制约幼儿心理的发生和发展的。

两大研究任务相互联系。第一大任务是基础性的，第二大任务是本质性的，它们的研究成果既相互推动，又相互制约。

二、论一论学习幼儿心理学的意义

案例分析

4岁的宝宝搭了一个小房子，但他的小房子却搭到了朵朵过家家的“操场”上，朵朵拿着玩具小车，一下就冲撞到宝宝搭的小房子上，把它撞得东倒西歪。“你撞坏了我的小房子！”宝宝几乎是咆哮了起来。“可你过了‘界线’！”朵朵也非常愤怒。两个孩子就这样打了起来。如果你是他们的老师，你会怎么处理呢？

本案例中两个小朋友的矛盾，在幼儿园中会经常碰到，老师应该如何高效地解决呢？这就需要我们多了解幼儿心理学的知识，读懂幼儿的内心世界，运用幼儿喜欢的方式化解他们的矛盾，促进幼儿和谐健康发展。正如奥地利著名的精神病学家阿德勒经典名言“幸福的人用童年治愈一生，不幸的人用一生治愈童年”，童年的教育经历对个体一生的影响十分深远，我们学好幼儿心理学，可以运用相关知识帮助更多的幼儿度过幸福的童年。

下面我们一起讨论一下学习幼儿心理学的意义吧。

（一）有助于我们树立科学的儿童观

现代儿童心理学的研究告诉我们，婴儿一生下来不是一张白纸，也不是成人的缩小版，他们的身心具有独特的发展规律。婴幼儿期的发展经历，对人的一生来说，具有十分重要、不可忽视和不可替代的价值。家长和老师充分认识婴幼儿期身心发展特点，才会由衷地尊重婴幼儿，才能真正地接近他们、帮助他们、教育他们和保护他们。

（二）有助于我们树立科学的教育观

幼儿心理学主要研究的是婴幼儿心理发生、发展的规律和趋势，学习这些知识，有利于家长和老师，了解规律，尊重规律，尊重幼儿的个别差异，因材施教，运用规律科学地教育幼儿，树立科学的教育观。

（三）为幼教工作者提供心理学的理论和实践指导

通过学习幼儿心理知识，为幼教工作者提供心理学的理论和实践指导，同时也可以为家庭教育提供实践指导。如根据幼儿认知发展特点，组织教育教学活动，可以促进幼儿感知觉、注意力、思维、言语、问题解决能力等方面的发展；根据幼儿个性心理形成的规律，可以培养幼儿良好的个性，养成良好的行为习惯；根据不同气质类型的幼儿，有目的地运用不同的方法，有针对性地发展幼儿的心理品质等。

（四）为幼儿心理健康与心理咨询工作提供必要的心理学知识

幼儿心理学的研究既可以丰富儿童心理发展理论体系，又可以促进心理学科的发展。掌握幼儿心理学的知识，为幼儿心理健康维护与心理咨询打下一定的基础，可以帮助我们预见幼儿心理发展过程中可能出现的问题，及早发现心理发展不良的儿童，并给予适当的教育和干预，促进幼儿心理健康地发展。

拓展阅读

儿童观的演变

1. 中世纪西方的儿童观

中世纪，儿童被视作“小大人”，被看作一个发育完成了的微型成人，这种观点在当时的艺术、日常生活中都有反映。中世纪的绘画中所描绘的儿童在着装、表情等方面都如同成年人。

2. 文艺复兴时期的儿童观

文艺复兴时期，人们的观念发生了改变，开始更多地关注儿童，强调儿童是一个独立存在的个体，使儿童开始从成人权威主义的压抑之下解放出来。

3. 自由资本主义时期的儿童观

自由资本主义时期强调的是自由、民主、平等、博爱，人们更多地关注儿童，更多地以一种自由的、平等的思想教育孩子。

4. 近代西方的儿童观

近代西方的教育家在关注儿童发展的同时，更加注重根据其身心发展规律进行适当的教育，由此提出“心理学化的教育”观点，主张教育应以心理学规律作为依据。

5. 现代化的儿童观

随着国际社会对于儿童保护与儿童福利的重视与提倡，联合国《儿童权利宣言》的发表，心理学家研究的深入，现代化的儿童观已经不仅仅是停留在单纯的尊重儿童、了解儿童上，而是更重视发展儿童。

——整理节选《幼儿心理学》，李红

三、找一找研究幼儿心理学的方法

幼儿心理学的研究方法有很多，常用的主要有实证研究法和理论研究法两大类。

（一）实证研究法

实证研究法是科学研究的基本方法。其主要特点是采用规范的方法收集材料、数据、事实，再从这些材料、数据、事实中归纳出普遍性的结论来。常用的方法主要有以下几种。

1. 观察法

观察法是有计划、有目的地观察幼儿在一定条件下言行的变化，做出详细的记录，然后进行分析处理，从而判断他们的心理活动特点的方法。观察法在幼儿心理学的研究中是最基本最常用的一种研究方法，特别适合对幼儿行为的研究。

观察法的优点在于：儿童的心理现象在平常的情境下表现出来，因而比较自然和真实。缺点在于：研究者只能等待心理现象自然发生后进行观察，不能主动进行有选择、有控制的研究。

2. 调查法

调查法是以提问的方式对幼儿心理发展进行有计划、系统的间接考察，并对所收集的资料进行理论分析或分析统计的一种方法。根据研究需要，可以直接对幼儿进行调查，也可以对熟悉幼儿的家长或教师进行调查。调查法可分为书面调查法和口头调查法，书面调查法就是通常所讲的问卷法，问卷又可分为开放式问卷和封闭式问卷。

3. 测验法

测验法是采用心理测验材料研究幼儿心理发展规律的方法。心理测验是一种标准化的刺激，按照严格规定的程序让幼儿做出反应，然后将测得的数据与心理测验提供的平均水平相比较，可以看出被试的个别差异。心理测验的种类很多，常用的心理测验包括智力测验和个性测验。测验法是一种专业性很强的研究方法，研究人员需要通过一定的训练并取得相应资格才能使用。

4. 作品分析法

研究者专门观察分析幼儿的活动作品，如涂鸦、绘画、泥塑、折纸、舞蹈、日记、考卷以及创作的故事和儿歌、在游戏中搭建的积木等，分析了解幼儿心理发展的规律。作品分析法是全面了解幼儿情况、获得准确信息的一种重要方法。但是在作品分析法中，主观性因素较大、研究规模较小，具有一定的隐蔽性。

5. 实验法

实验法是研究者根据研究目的，主动创造或改变条件，引起一定心理现象，从而研究心理发展的规律。

实验法分为实验室实验法和自然实验法。

实验室实验法：实验在特殊的实验室内进行，可以使用各种特殊的仪器装置，按照规定的顺序、内容或强度呈现刺激，准确地记录回答性反应，并严格控制各种无关因素的方法。

自然实验法：实验安排在幼儿平常的生活情境中进行。

（二）理论研究法

理论研究法是指在统计分析的基础上，对调查资料进一步进行有系统的思维加工的方法。理论研究法的直接目的在于从调查资料中引出理论、观点来，并对研究假设进行检验，然后发展理论。

（1）常用的具体方法，即理论研究的传统方法，主要有典型分析法、比较分析法、历史分析法、本质分析法、推理法、外推法。

（2）辩证思维的基本方法，主要有归纳和演绎的方法，分析与综合的方法，抽象到具体的方法，信息方法，系统分析方法，结构－功能方法，定性和定量相结合的分析法。

幼儿的心理现象虽然比较简单，但要全面深入地了解和研究，往往需要应用几种方法综合、反复研究，才能取得正确可信的结论。

我们学习本课程除了需要深入了解幼儿心理的研究方法之外，还必须遵循理论联系实际的原则，在掌握基本知识的基础上，通过观察身边的幼儿和有计划到托幼园所见习、实习，丰富感性认识，加强对理论知识的理解，注重技能技巧的培养和训练，以提高应变能力、思维能力和运用所学知识解决实际问题的能力。同时，在未来的保教工作中，能自觉跟上社会发展形势，不断更新自己的教育理念和幼儿心理知识。

精华提炼

任务3　梳理国内幼儿心理研究的主要观点

案例导入

妈妈最近发现2岁多的圆圆特别喜欢看手机，而且只要拿起手机就会往沙发上或床上躺着看，无论妈妈怎么说，圆圆就是不起来。原来白天爸爸妈妈要上班，圆圆就由爷爷奶奶带，奶奶是个电视迷，爷爷是个手机迷，并且爷爷也特别喜欢躺在沙发上看手机。晚上爸爸下班回家后，爸爸也喜欢躺在沙发上或床上看手机。妈妈为此很苦恼。

案例中圆圆是在模仿家人的不良行为。模仿是幼儿的主要学习途径之一，家长要为幼儿带来正面积极的行为模仿，才有利于幼儿的健康发展。请结合你自身的成长经历，想一想你身上有哪些行为是通过模仿获得的？这些行为对你有什么影响？

一、谈一谈陈鹤琴的儿童观

陈鹤琴，我国现代著名教育家、儿童心理学家和儿童教育家，我国近代幼儿教育事业奠基人。1923年在南京创办鼓楼幼稚园，作为儿童心理学和儿童教育研究的基地。1920年至1925年，他以长子为研究对象，进行了长达808天的观察记录，先后写成了《儿童心理之研究》（1925年）和《家庭教育》两部专著，较为系统地阐述了儿童心理发展的进程和自己的幼儿教育思想。他的《儿童心理之研究》成为中国儿童心理学创立的标志。

从儿童心理来看，陈鹤琴提出了科学的儿童观。首先他认为只有热爱儿童，了解儿童，才能教育儿童。其次，儿童不同于成人，要尊重儿童，发展儿童，这种不同主要表现在以下几个方面：

（一）好动心

儿童生来好动，因为幼儿的感觉和动作是相通的，行动完全受冲动与感觉所支配，所以在教育上应当给他充分的机会和适当的刺激，让其在摆弄物体的过程中，从无知无能发展到有知有能。

（二）模仿心

儿童学习言语、风俗、技能等，一部分是由模仿别人而来的。儿童模仿心强但又是无选择的，教师和家长要教儿童逐渐学习鉴别是非善恶。

（三）好奇心

儿童好奇心强，好奇可以引发儿童研究学问的兴趣。成人对于儿童的好奇，要耐心地指导，正确地解答，不可因厌恶而禁止儿童问话。

（四）游戏心

儿童好玩是极其重要的心理特点，我们应该创造适当的环境，使其天真烂漫、活泼好动的特点得到充分发展，多采用游戏式的教学法，提高教育效果。

（五）合群心

凡人都喜欢群居，两岁儿童就喜欢与同伴游玩，六岁儿童的乐群心更强。应让儿童经常与小朋友交往，培养其互爱互助、热爱集体的品质，发展其社会性。

（六）儿童是易受暗示的

暗示和模仿相似，但模仿是从儿童一方面着想，暗示是从环境一方面着想，比如儿童因为看见别人骑马，也要骑马，这种被外界环境刺激的心理，叫“暗示感受性”。儿童是容易被暗示的。我们可以利用这个特点，培养儿童良好的行为、习惯等。

（七）喜欢成功

陈鹤琴指出：“小孩子固然喜欢动作，但更是喜欢动作有成就的。”所以我们安排幼儿做事时不宜安排太难的，太难的做不成功，往往会打击其信心。

（八）喜欢称赞

儿童喜欢“听好话”，表扬、鼓励能增加儿童的兴趣和勇气，所以应多采用积极的鼓励措施。

（九）喜欢野外生活

儿童都喜欢到外面去看看玩玩，闷在家里会不高兴。所以，我们应让幼儿多接触大自然，增加社会阅历。

综合陈鹤琴多年对儿童心理特点的研究和实验，概述如上。他强调只有了解了儿童的这些特点，才能科学地教育儿童。他说：“我们教小孩子必须先了解小孩子的心理。若能依据小孩子的心理而施行教育，那教育必有良好效果的。”

二、理一理朱智贤的儿童发展观

朱智贤，我国儿童心理学家、教育家，中国现代心理学的奠基人之一。他首先创立了有中国特色的贯彻辩证唯物主义的儿童心理学理论体系，他的儿童发展观主要如下：

（一）探讨心理发展的基本理论问题

朱智贤运用唯物辩证法探讨了儿童心理发展中的一系列重大问题，包括：先天与后天的关系、内因与外因的关系、教育与发展的关系、年龄特征与个别特点的关系。

1. 先天与后天的关系

遗传和生理成熟为儿童发展提供了可能性，但要把可能性转为发展的现实性，还必须通过环境和教育的作用。

2. 内因与外因的关系

儿童心理的发展，不是由外因机械决定的，也不是由内因孤立决定的，而是由适合于内因的外因（主要是教育）决定的。

3. 教育与发展的关系

教育决定儿童心理的发展，因为教育总是不断地向儿童提出新的要求，总是在指导儿童的发展；教育本身又必须从儿童的实际出发，从儿童心理的水平或状态出发，才能实现它的决定作用。

4. 年龄特征与个别特点的关系

儿童心理发展经历着一系列由量变到质变的过程。儿童心理发展的质变，就是年龄特征的变化。

年龄特征是与年龄相适应的本质的、一般的、典型的心理特征。年龄特征不仅有稳定性，也有可变性。同一年龄阶段的儿童，既有普遍的年龄特征，又有人与人之间的差异性，表现为普遍性与特殊性的统一。

（二）强调用系统的观点研究心理学

朱智贤在分析了心理学史上不同学术流派的贡献和局限后提出了儿童心理学研究中国化的思想，倡导建立中国的儿童心理学体系，在实际研究中确定中国儿童的心理特点和常模。

拓展阅读

中国古代心理学思想

中华民族有史以来直至1840年，历代的思想家有过不少涉及心理问题的论述。这些论述散见于“经”“史”“子”“集”等典籍之中。但是，由于这方面的系统研究开始得较迟，迄今尚未得到充分和系统的发掘。就现在的研究来看，人贵论、形神论、天人论、性习论、知行论、情二端论和主客论是中国古代心理学思想的几个主要范畴和重要特色。

——整理节选《中国心理学史》，高觉敷

任务 4　梳理国外幼儿心理研究的主要观点

一、谈一谈成熟学说

成熟学说的代表人物是美国心理学家格赛尔，他认为支配儿童心理发展的因素主要是成熟和学习。格赛尔的研究更着重于成熟，他认为成熟是推动幼儿发展的主要动力。幼儿在成熟之前，一直处于学习的准备阶段。他的观点源于其著名的双生子爬楼梯实验（见图 1-4-1）。

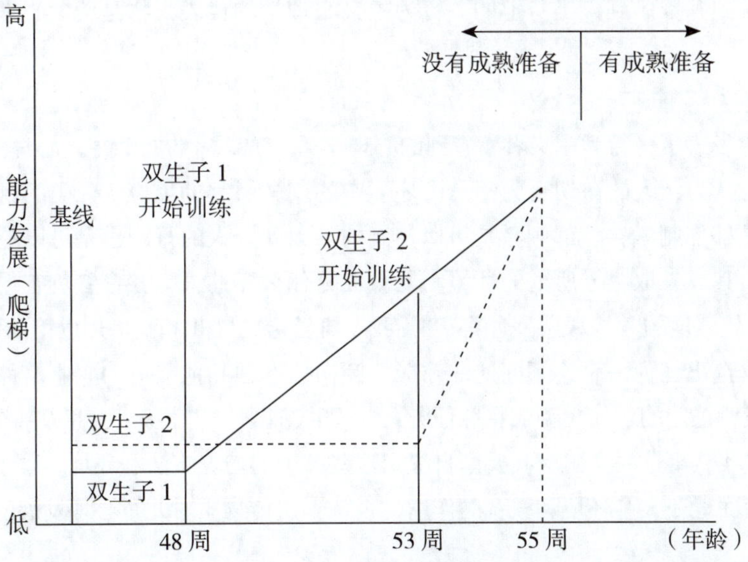

图 1-4-1　双生子爬楼梯实验

在实验中，有双生子 1 和 2：双生子 1 从第 48 周起每日进行 10 分钟爬楼梯训练，连续 6 周；在此期间，双生子 2 不做爬楼梯训练，只从第 53 周开始爬梯训练。根据他的实验结果，双生子 2 只接受 2 周训练，就能赶上双生子 1 的水平。因此，他得出结论：不成熟就无从学习，而学习只是对成熟起到促进作用。

成熟学说的观点对幼儿教育的启示：

（一）幼儿教育应该尊重幼儿的实际水平，顺应幼儿的生理成熟机制，不要拔苗助长

比如，婴儿一般在 2~3 个月学会抬头，3~4 个月以后学会翻身，6~7 个月才能坐学爬，1 岁左右才能学会站立或独立行走，这是婴儿发展的一般生理规律。若父母让婴儿过早地训练这些动作，不仅损害了婴儿骨骼的正常发育，也不利于婴幼儿的心理健康。婴幼儿期是幼儿的游戏期，让幼儿过早识字、背诗或者强化训练艺术才能，就是拔苗助长的行为。

（二）幼儿教育应该包容幼儿的实际行为，辩证运用幼儿的发展规律，不要生搬硬套

幼儿在发展的许多方面，既有一般规律，也有特殊情况。面对特殊情况，不要生搬硬套一般规律。如言语的发展、大（小）便的训练、学习走路等方面可能会表现发育迟缓的情况，成人应宽容、耐心、接纳、善待幼儿，辩证地运用幼儿的发展规律，更好地促进幼儿的健康发展。

二、析一析行为主义发展理论

行为主义是心理学历史上有重要影响的学派。它的基本观点认为心理学是研究外部行为的科学，人和动物的行为并没有本质的区别，因此，行为主义心理学的许多研究成果是从研究狗、小白鼠、鸽子等动物身上得到并推广到人类身上的。行为主义心理学的代表人物是美国心理学家华生、斯金纳和班杜拉。

（一）华生的经典行为主义

1913 年，华生发表了《行为主义者所看到的心理学》一文，宣告行为主义心理学的诞生。

行为主义学说认为，人的一切行为都是由环境中的刺激引起的反应。人类的行为来自学习，而学习的决定因素是外部刺激，外部刺激是可以控制的。因此，人的行为也是可以控制的。他认为儿童是被动的个体，其成长取决于所处的环境。儿童成为什么样的人，教育者负有很大的责任。他的一句名言，能充分代表他的学术观点。他说："给我一打健全的婴儿和我可用以培养他们的特殊环境，我就可以保证随机选出任何一个，不问他的才能、倾向、本领和他父母的职业及种族如何，我都可以把他训练成为我所选定的任何类型的特殊任务，如医生、律师、艺术家、大商人甚至于乞丐、小偷！不过，请注意，当我从事这一实验，我要亲自决定这些孩子的培养方法和环境。"

华生的观点片面地夸大了环境和教育的作用，否认了遗传物质对儿童心理发展的影响。

拓展阅读

华生为了证实儿童的行为是在环境刺激中学习而得的这一观点，做了这样的一个实验：以一个 11 个月大的小男孩为被试者，小白鼠出现在小男孩面前的同时，在小男孩的背后用力击打一个物体发出巨响，引起孩子的惊吓反应。反复几次后，只要有小白鼠出现时，小男孩就会表现出害怕、逃避的反应。几日后，小男孩对所有带毛的物体如狗、皮毛大衣等都感到害怕。华生通过这个实验证明，儿童的行为既可以在环境中习得，也可以在环境中改变，环境决定着儿童的行为。

——整理节选《幼儿心理学》，李国祥

（二）斯金纳的操作行为主义

斯金纳认为，人的行为是由活动的结果决定的，如学习看书，是因为看书能使学生得到一个好的考试成绩，于是，学生就从事看书这一活动。任何学习（行为）的发生、变化都是强化的结果，因而可以通过控制强化物来控制行为。所谓强化就是对一种行为的肯定或否定（奖励或惩罚），它

在一定程度上会决定人的这种行为在今后是否会重复发生。

在斯金纳看来，只要了解强化效应和操纵好强化技术，就能控制行为反应，塑造出一个教育者所期望的儿童。斯金纳的行为发展观将幼儿心理的发展归因于外部的强化作用，忽视了儿童自身的内在发展规律，具有一定的局限性。

拓展阅读

斯金纳自己做了一个箱子，称为“斯金纳箱”。当把鸽子放进斯金纳箱后，鸽子会在箱子里东啄西啄。当鸽子啄到一处开关时，就有一粒小米落在鸽子面前。以后，只要鸽子一进箱子，就会径直去啄开关。显然，小米强化了鸽子啄开关的操作行为，鸽子学会了获得食物的方法。

斯金纳认为，操作行为是更大量、更普遍、更有效的学习方式。

——整理节选《幼儿心理学》，王振宇

（三）班杜拉的社会学习理论

班杜拉（见图 1-4-2）提出的社会学习理论是在与传统行为主义的继承与批判的历史关系中逐步形成的。班杜拉通过儿童的波波玩偶实验，证明儿童可以通过观察和模仿来学习社会行为，这种通过观察他人的行为和强化的学习，叫观察学习。这里的“他人”又被称为“榜样”。

图 1-4-2 班杜拉像

观察学习包括四个过程：注意过程（选择榜样）、保持过程（加工编码）、动作再现过程（复制行为）、强化和动机过程（个体决定要不要表现出行为）。

班杜拉的社会学习理论告诉我们，榜样对幼儿的发展有重要影响。对幼儿来说，老师、父母、同伴是重要的榜样，大众传媒也是重要的榜样。这就要求老师和父母以身作则，为幼儿树立正面的榜样。

三、谈一谈精神分析理论

（一）弗洛伊德的精神分析理论

弗洛伊德是奥地利精神病理学家、心理学家，精神分析学派创始人。他认为，在个体的心理发展过程中，本能尤其是性本能是推动人格发展的基本动力。他根据性的能量（力比多）投射的部位，将人格发展划分为五个阶段：

（1）口唇期（0~1 岁） 在口唇初期（出生至 6 个月），快感主要来自嘴唇和舌的吸吮和吞咽活动。在口唇晚期（6 个月至 1 岁），幼儿开始长牙，快感主要来自咬和吞咽活动。

（2）肛门期（1~3 岁） 此时婴幼儿的力比多集中到肛门区域，排泄时产生的轻松和快感。

（3）性器期（3~6 岁） 孩子开始关注身体的性别差异，开始对生殖器感兴趣。出现弗洛伊德所说的俄狄浦斯情结，即男孩对母亲比较亲近，女孩跟父亲比较亲密。

（4）潜伏期（6岁至青春期）这个时期，儿童的性欲被置换为替代性活动，例如学习和各种活动，开始以同性别父母为榜样来行事。

（5）生殖期（青春期至成人晚年）进入青春期后，生理上出现第二性征，心理上开始对异性感兴趣。这个阶段，青少年会努力摆脱成人的束缚，想要建立自己的生活。

精神分析理论将人格划分为本我、自我和超我。

（1）本我。本能的我，原始的我，反映人的基本生理需求，包含生存所需的基本欲望、冲动和生命力。本我遵循着快乐原则，无意识地，不被个体所察觉。

（2）自我。是个体自己可以意识到地执行思考、感觉、判断或记忆的部分。自我遵循现实原则，调节外界与本我的关系，使本我适应外界要求。

（3）超我。由自我分化而来，是理想化的自我。超我遵循道德原则，是理想的部分，大部分属于人格的潜意识部分，被道德规范约束。

弗洛伊德认为，生命的最初几年是人格形成的最重要时期，人的常态行为和变态行为都可以从其早期经验中找到依据。

（二）埃里克森的发展观

埃里克森是新精神分析学派创始人，他在弗洛伊德理论的基础上，强调了社会环境因素的影响，按照他的理论，我们的人生分为八个阶段，每个阶段都有特定的发展危机，每一个危机都涉及积极和消极选择之间的冲突，而教养环境直接关系着危机是否能得到积极解决，如果能积极解决，就会形成良好的自我品质，反之，就会影响下一阶段的发展或留下问题（见表1–4–1）。

表1–4–1　埃里克森的人格发展阶段

阶段	年龄	冲突	人格发展任务	发展障碍者心理特征	发展成功者的品质特征	对应弗洛伊德的划分阶段
婴儿期	0~1岁	基本信任感对基本不信任感	发展信任感，克服不信任感	面对新环境时会焦虑不安	获得希望品质	口唇期
幼儿前期	1~3岁	自主独立对羞怯怀疑	培养独立自主感，克服羞怯与怀疑	缺乏信心，行动畏首畏尾	获得意志品质	肛门期
幼儿期	3~6岁	主动性对内疚	培养主动感。克服内疚感	畏惧退缩，缺少自我价值感	获得目的品质	性器期
学龄期	6~12岁	勤奋对自卑	培养勤奋感，克服自卑感	缺乏生活基本能力，充满失败感	获得能力品质	潜伏期
青春期	12~18岁	同一性对同一性混乱	建立同一性，防止角色混乱	生活无目的、无方向感，时而感到彷徨迷失	获得忠诚品质	生殖期

续表

阶段	年龄	冲突	人格发展任务	发展障碍者心理特征	发展成功者的品质特征	对应弗洛伊德的划分阶段
成年早期	18~24岁	亲密对孤独	发展亲密感，避免孤独感	与社会疏离时感到寂寞孤独	获得爱的品质	生殖期
成年中期	25~65岁	繁殖对停滞	发展繁殖感，避免停滞感	不关心别人与社会，缺少生活意义	获得关系品质	生殖期
成年晚期	65岁到死亡	自我完善与绝望	获得完善感，避免绝望与沮丧	悔恨旧事	获得智慧品质	生殖期

埃里克森的人格发展理论强调了自我与社会环境的相互作用，重视家庭、社会对儿童教育的作用。

四、析一析认知发展理论

瑞士心理学家皮亚杰是近代最有名的儿童心理学家，创立了著名的儿童认知发展理论——发生认识论。皮亚杰认为，认知发展是生物发展的扩展，其中智力发展控制着情绪、社会性以及道德发展。

（一）认知发展的核心概念

皮亚杰用图式、同化、顺应及平衡这四个概念来解释儿童的认知建构过程。

（1）图式，是一个人用来对付环境中的情境时所运用的心理结构和思维模型，是主体动作的认识结构，是人类认识事物的基本模式，表现为简单的反射。

比如吮吸反射，就体现了一种先天的反射图式。在刚出生的时候，婴儿通常不加分辨地吮吸塞到他嘴里的任何东西，如妈妈的乳头、自己的手指。在出生后不久，伴随着吸奶时妈妈的形象、气味等等，婴儿开始学会了区分何种刺激物运用吮吸、何种刺激物不运用吮吸。

（2）同化，将环境刺激纳入有机体已有的图式，以加强和丰富机体的动作，引起图式量的变化。例如，幼儿认为会飞的有翅膀的都是鸟，看到飞机就认为也是鸟。

（3）顺应，与同化相反，是个体改变自己的已有认知以适应外部刺激或环境。例如，妈妈告诉儿童飞机不是鸟，鸟必须有生命，会呼吸，儿童就在头脑中重新修订关于鸟的认知。

（4）平衡，个体内部图式与外部环境一种相对稳定的状态，同化和顺应的平衡，是主体发展的心理动力。

皮亚杰认为，个体在成长过程中，会积极地构建新知识，通过同化和顺应的相互作用达到符合环境要求的动态平衡状态。

（二）认知发展的阶段

皮亚杰按照认知结构的特征把整个认知发展划分为四个依次出现的阶段。每一个阶段形成与前一阶段不同的认知能力，标志着个体获得了适应环境的新方式（见表1-4-2）。

表 1-4-2 皮亚杰认知发展阶段

阶段	年龄	特征
感知运动阶段	0~2 岁	通过探索感运动之间的关系来获得动作经验；低级动作图式；获得客体永恒性 (9~12 个月), 拥有延迟模仿能力
前运算阶段	2~7 岁	泛灵论：一切以自我为中心；思维具有不可逆性、刻板性；没有守恒概念；做出判断只能运用一个标准或维度
具体运算阶段	7~11 岁	这个阶段的标志是守恒概念的形成（守恒性）；逐渐去自我中心化；思维具有可逆性
形式运算阶段	11 岁至成年	能够根据逻辑推理、归纳或演绎方式来解决问题；能够理解符号意义、隐喻和直喻，能做一定的概括；思维具有可逆性、补偿性和灵活性

拓展阅读

皮亚杰通过“三山实验”（见图 1-4-3）提出了前运算阶段的儿童有以自我为中心的特点，思考问题缺乏逻辑性，只能从自身角度看待问题。

图 1-4-3 三山实验

实验过程

在一个立体沙丘模型上错落摆放了三座山丘，首先让儿童从前后左右不同方位观察这座模型，然后让儿童看四张从前后左右四个方位所摄的沙丘的照片，让儿童指出和自己站在不同方位的另外一人（实验者或娃娃）所看到的沙丘情景与哪张照片一样。

实验结论

处于前运算阶段的儿童认为，处于任何角度的人看到的内容跟自己看到的是一样的。

——整理节选《发展心理学》，林崇德

五、谈一谈维果茨基的文化历史发展理论

维果茨基是苏联著名心理学家，社会文化历史学派的创始人之一。他认为，儿童的心理是在社会文化历史的影响下发生和发展的。社会交往是儿童心理发展的条件，在社会条件下，儿童通过教育，

高级心理机能才得到充分发展。

（一）两种心理机能

维果茨基将人的心理机能分为两种：一种是作为动物进化结果的低级心理机能，如基本的感觉、知觉、不随意注意、形象记忆、情绪、冲动性意志、直观的动作思维等，它是消极适应自然的心理形式，是生物进化的结果；另一种是以符号系统为中介的高级心理机能，如观察（有目的的知觉）、随意注意、词的逻辑记忆、抽象思维、高级情感、预见性意志等。高级心理机能是积极适应和改造环境的心理形式，是人在与社会的交互作用中发展起来的，是社会文化历史发展的结果。

（二）最近发展区的思想

维果茨基提出了“最近发展区”（见图 1-4-4）的思想，最近发展区是指，儿童现有发展水平和在成人的指导下或与有较高能力的同伴的合作中所能达到的解决问题的水平之间的差异（简而言之就是儿童能在成人指导下或同伴的合作中完成独自无法完成的任务）。最近发展区是一个动态概念，因为儿童某一阶段的最近发展区可能成为下一阶段的现实发展水平，而下一阶段又有新的最近发展区。例如儿童今天需要在别人的指导或与他人的合作中完成任务，将来某一时候就会独自解决。由此提出了“教学应当走在发展的前面”的观点，即教学应当走在儿童现有发展水平的前面，从而带动儿童的发展。

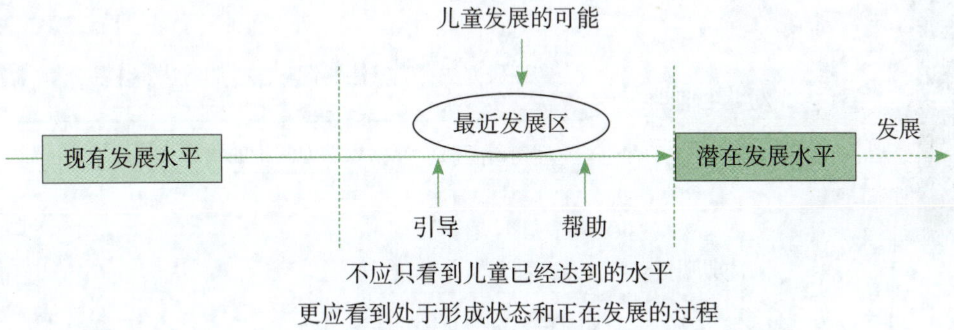

图 1-4-4　最近发展区示意图

思维导图

- **探究心理学的基础知识**
  - 心理学的基础知识
    - 心理现象：心理过程（认知、情感、意志）、个性心理（个性倾向性、个性心理特征）
    - 心理实质：脑的结构、大脑的功能区、大脑最基本的活动方式—反射、心理是人脑对客观现实的反映
  - 幼儿心理学研究的任务
    - 幼儿心理学的含义：研究婴幼儿阶段的心理特征和发展趋势的学科
    - 幼儿心理学研究任务：阐明幼儿阶段心理变化的基本规律、解释幼儿心理发展变化的机制
  - 幼儿心理学研究的意义
    - 有助于我们树立科学的儿童观
    - 有助于我们树立科学的教育观
    - 为幼儿教育工作者提供心理学的理论基础和实践指导
    - 为幼儿心理健康与心理咨询工作提供必要的心理学知识
  - 幼儿心理学研究的方法
    - 实证研究法：观察法、调查法、测验法、作品分析法、实验法
    - 理论研究法：遵循哲学方法论的指导
  - 国内幼儿心理研究的主要观点
    - 陈鹤琴的儿童观
    - 朱智贤的儿童发展观
  - 国外幼儿心理研究的主要观点
    - 格赛尔的成熟学说
    - 行为主义发展理论：华生的经典行为主义、斯金纳的操作行为主义、班杜拉的社会学习理论
    - 精神分析理论：弗洛依德的精神分析理论、埃里克森的人格发展理论
    - 皮亚杰的认知发展理论
    - 维果茨基的文化历史发展理论

技能高考

一、单项选择题

(　　) 1. 在心理过程中，起调控作用的是________。

A. 情感过程　　B. 认知过程　　C. 动机过程　　D. 意志过程

(　　) 2.________年，德国心理学家冯特在莱比锡大学创立世界上第一个心理学实验室，标志着心理学的诞生。

A. 1879　　B. 1789　　C. 1897　　D. 1927

(　　) 3.1882 年，德国心理学家普莱尔写成________一书，标志着儿童心理学的诞生。

A.《儿童心理之研究》　　B.《儿童心理》

C.《发展心理学概论》　　D.《发展心理学》

(　　) 4. 幼儿心理学主要研究对象是________幼儿。

A. 0~6 岁　　B. 3~6 岁　　C. 0~17 岁　　D. 0~3 岁

(　　) 5. 大脑皮质的________控制着人有目的、有意识的行为。

A. 顶叶　　B. 颞叶　　C. 额叶　　D. 枕叶

(　　) 6. 通过记录幼儿在一定条件下的言行举止，来研究幼儿的心理特点的是________。

A. 个案法　　B. 实验法　　C. 问卷法　　D. 观察法

(　　) 7.________是指研究者从儿童的艺术作品或学生作业，如涂鸦、绘画、泥塑、折纸、舞蹈、日记、考卷以及创作的故事和儿歌、在游戏中搭的积木等，分析了解幼儿心理发展规律的一种研究方法。

A. 观察法　　B. 作品分析法　　C. 问卷法　　D. 测验法

(　　) 8.________是我国以观察实验法研究儿童心理发展的最早的学者之一，先后在江西和上海创办省立、国立实验幼师和幼专。

A. 张雪门　　B. 陶行知　　C. 张之洞　　D. 陈鹤琴

(　　) 9. 以下证明幼儿思维具有自我中心特点的实验是________。

A. 三山实验　　B. 陌生情境实验

C. 双生子爬楼梯实验　　D. 视觉悬崖实验

(　　) 10. 社会文化历史发展理论的提出者是________。

A. 埃里克森　　B. 班杜拉　　C. 维果茨基　　D. 朱智贤

二、判断题（正确的打“√”，错误的打“×”）

(　　) 1. 科学的心理学是从普莱尔开始诞生的。

(　　) 2. 没有客观现实，人脑就不可能产生心理。

(　　) 3. 人脑对客观现实是积极、主观能动的反映。

(　　) 4. 阐明婴幼儿的心理特征和发展趋势是幼儿心理学的本质性任务。

(　　) 5. 研究幼儿心理有助于成人树立科学的儿童观和教育观。

(　　) 6. 调查法的调查对象只能是幼儿，不可以是熟悉幼儿的家长或教师。

(　　) 7. 幼儿的模仿对象包括同伴、家长和教师等，其中教师和家长的行为对于幼儿具有巨大的榜样作用，因此，成人应该注意自己的言行对幼儿的影响。

(　　) 8. 年龄特征是指幼儿在某个年龄阶段形成并表现出来的一般的、典型的、本质的心理特征。

(　　) 9. 行为主义学派认为，心理学不应研究人的意识，只应研究人的行为。

(　　) 10. 根据皮亚杰的观点，儿童在具体运算阶段获得“可逆性”概念。

三、案例分析

某幼儿园的一位老师，一直不适应幼儿园的教育，她说：“这幼儿太难教了，这些小屁孩怎么会有这么多的问题，老喜欢问，有什么可问的？又那么淘气，不听从指挥，纪律散漫，而且还任性，情绪又不稳定，哭起来就哭个没停，有的孩子还很霸道，还出现攻击性行为，这些孩子怎么教啊？”请结合案例及当前幼儿教育的实践，谈谈幼儿教师学习学前心理学的意义。

参考文献

[1] 秦敏，彭本峰. 幼儿心理学 [M]. 南京：南京师范大学出版社，2018.
[2] 李国祥，夏明娟，项慧娟，等. 幼儿心理学 [M]. 北京：人民邮电出版社，2015.
[3] 王振宇. 幼儿心理学 [M]. 北京：人民教育出版社，2012.
[4] 丁祖荫. 幼儿心理学 [M]. 北京：人民教育出版社，2016.
[5] 焦艳凤，郭苹. 幼儿心理学 [M]. 北京：化学工业出版社，2015.
[6] 李红. 幼儿心理学 [M]. 北京：人民教育出版社，2007.
[7] 朱智贤. 儿童心理学 [M]. 北京：人民教育出版社，2009.
[8] 张大均，郭成. 教育心理学 [M]. 北京：开明出版社，2012.
[9] 李群锋. 儿童行为心理学 [M]. 苏州：古吴轩出版社，2016.
[10] 林崇德. 发展心理学 [M]. 北京：人民教育出版社，2018.

活动 2　探究幼儿感知觉的发展

活动导读

感知觉是认识活动的开端，由幼儿心理发展特点决定，感知觉在幼儿了解世界的过程中起着尤为重要的作用。重视幼儿感知觉的发展即是为幼儿认识事物提供强有力的保障，并能为其他心理过程的发展奠定基础。我们要充分理解感知觉的概念，掌握幼儿感知觉的发展特点以及培养方法，充分促进幼儿观察力的发展，提升幼儿对事物的认识水平。

学习目标

1. 理解幼儿感知觉的概念。
2. 掌握幼儿感知觉的发展特点。
3. 掌握培养幼儿感知觉发展的方法。
4. 运用幼儿感知觉发展理论提高幼儿观察力。

内容结构

学前构建	学后归纳
探究幼儿感知觉的发展 — 体验幼儿感知觉的发展 — 分析幼儿感知觉发展的特点 — 梳理培养幼儿感知觉发展的方法 — 练习培养幼儿感知觉的发展	

任务 1　体验幼儿感知觉的发展

案例导入

朵朵是一名小班幼儿，有一天在幼儿园户外活动时，发现了一只蚂蚁正在搬运一块小小的碎饼干，朵朵感觉非常新奇，她仔细观察着小蚂蚁是怎么搬运食物的，还叫来小伙伴们一起看。朵朵找来树叶挡住了蚂蚁的去路，只见蚂蚁拐了个弯又继续向前爬去，小伙伴们被这一幕逗笑了，接着都围成了一个圈，好奇地看着这只蚂蚁搬东西。老师发现后，直夸小朋友们观察得真仔细呀！还鼓励小朋友们继续观察。

本案例中，幼儿对外界事物充满了好奇心，教师对幼儿的举动关注密切，并给予激励性评价，有利于促进幼儿观察力发展和幼儿感知觉的发展。

一、说一说感知觉的概念

感觉是指人脑对直接作用于感觉器官的客观事物的个别属性的反映。感觉提供了内外环境的信息，保证了机体与环境的信息平衡，是最简单的心理过程，是一切较高级、较复杂的心理现象的基础，也是个体的全部心理现象的基础。

知觉是指人脑对直接作用于感觉器官的客观事物的整体属性的反映。在日常生活中，个体往往以知觉的形式来认识事物。

例如，对客观事物颜色、声音、气味、味道、光滑程度等的认识，都属于感觉，是对事物个别方面的认识；对事物的大小、形状、方位、距离以及对时间的感知，则属于知觉，是对事物整体的认识。

二、想一想感知觉的关系

感觉和知觉既有联系，又有区别（见表 2–1–1）。

表 2–1–1　感知觉的关系

	感觉	知觉
联系	都是人脑对直接作用于感觉器官的客观事物的反映，感觉是知觉的基础，知觉是对感觉信息的组织和解释过程	
区别	反映客观事物的个别属性	反映客观事物的整体属性
	依赖于个别感觉器官的活动	依赖于多种感觉器官的联合活动
	对事物的直接反应，较客观	对事物的间接反应，较主观

三、理一理感知觉的分类

课堂小活动

为了加强学生对感知觉概念的理解，请学生结合生活实际，举例说明生活中的感知觉现象，并进行分类：哪些属于感觉，哪些属于知觉。

（一）感觉的分类

根据刺激物的来源，可以将感觉分为外部感觉和内部感觉两大类（见图 2-1-1）。

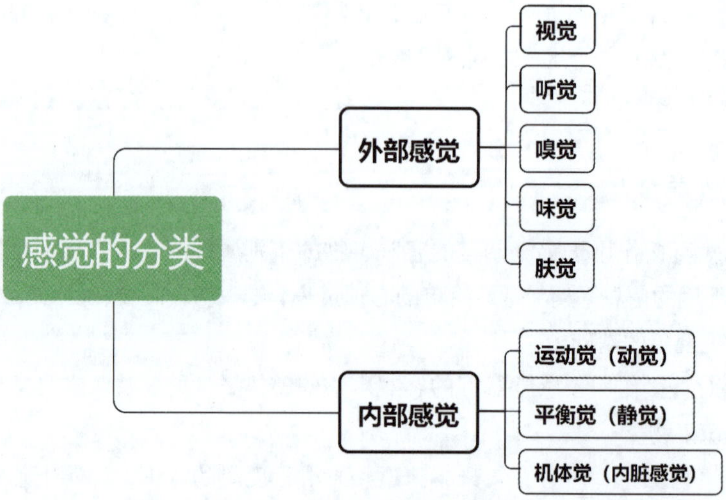

图 2-1-1　感觉的分类

（二）知觉的分类

根据知觉对象的不同，可以将知觉分为物体知觉和社会知觉两大类（见图 2-1-2）。

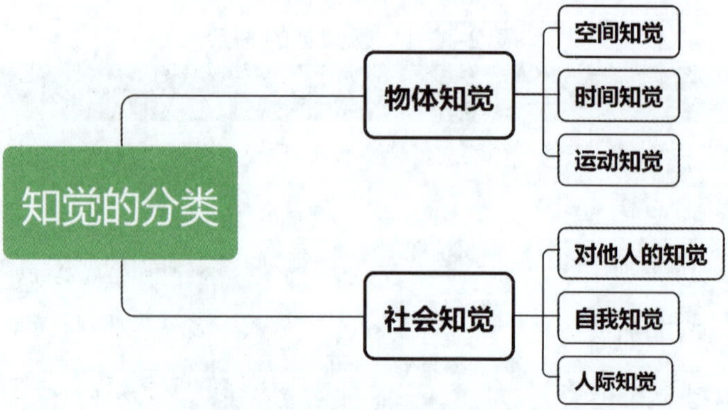

图 2-1-2　知觉的分类

四、看一看感知觉的规律

（一）感觉的规律

1. 感觉的适应

感觉的适应是指一个刺激物持续作用于同一感受器使感受性发生变化的现象，感受性的变化可以是上升的，也可以是下降的。

例如，“入芝兰之室，久而不闻其香；入鲍鱼之肆，久而不闻其臭”是嗅觉的适应；冬季从温暖的室内走到寒冷的室外，刚开始会觉得很冷，过了一会儿则不觉得那么冷了，是肤觉的适应。白天进入电影院的一瞬间会觉得看不清脚下的路，感受性较低，慢慢适应之后逐渐能看清物体，感受性开始上升；早晨刚睡醒的时候很难睁开眼睛，会觉得外界的光线格外刺眼，片刻以后慢慢缓解，这是视觉的适应，前者称为暗适应，后者称为明适应。

2. 感觉的对比

感觉的对比是指不同刺激物作用于同一个感觉器官时感受性发生变化的现象。根据时间的先后，可以把感觉对比分为同时对比和继时对比。

①同时对比：几个刺激物同时作用于同一感受器产生的对比现象。

例如，将两个灰色小方块分别放在白色和黑色背景上，结果白色背景上的小方块看起来比黑色背景上的更暗（见图 2-1-3）。

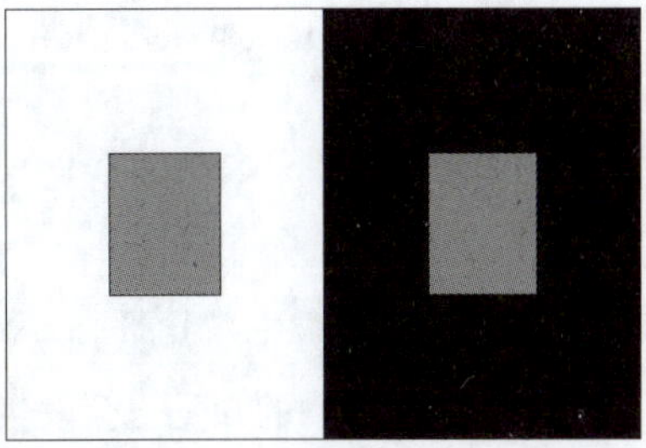

图 2-1-3　感觉的同时对比

②继时对比：几个刺激物相继作用于同一感受器产生的对比现象。

例如，先吃糖果再吃橘子，会觉得橘子特别酸。

3. 感觉的补偿作用

感觉的补偿作用是说个人某些器官功能缺失之后，失去了某种感觉，可以由其他感觉来弥补，达到补偿的效果。

例如，盲人虽然失去了视觉，但其听觉、触觉和嗅觉与正常人相比往往更加敏感。

4. 联觉

联觉又称感觉的相互作用，是指一种感觉的出现导致另一种感觉发生变化的心理现象。

例如，人们常说，这个女孩的声音好甜呀，就是听觉和味觉的相互作用；冷色调的食物往往会降低人的食欲，这是视觉和味觉的相互作用；在比赛时听到伙伴们的加油声会跑得更快，这是听觉和动觉的相互作用。

5. 感受性和感觉阈限

感受性是指感觉器官对客观事物个别属性的反应能力，即感觉能力。每个人都有感觉器官，但是每个人感觉器官的感受性却不相同，有的人感受性强，有的人感受性弱。同一个声音，有的人听得见，有的人听不见；同样大小的物体，有的人看得见，有的人看不见，这就是感受性的差别。

例如，熟练的炼钢工人能够根据钢水的火花判断炉内温度的高低；高级品茶师喝一小口茶，就知道茶的品种、产地、等级等；在音乐方面受过严格训练的人，在钢琴相邻两个全音的键上能辨别出更多的中间音来。

感受性一般用感觉阈限来度量，感觉阈限指的是用于测量感觉系统感受性大小的指标，用刚刚能引起感觉的刺激量来表示。

例如，在空气中有无数细小尘土，当尘土落在我们身上时，我们也很难察觉到。但如果细小的尘土聚集成大颗粒的沙子时，我们就可以看到它，能够感到它对我们皮肤造成的压力。

一般来说，感受性和感觉阈限是成反比关系，即感受性越强，感觉阈限越小；感受性越弱，感觉阈限越大。

（二）知觉的规律

1. 知觉的选择性

每个人所处的环境都是错综复杂的，而人不可能在同一时间内对周围环境中的所有刺激物都做出同样清晰的反应，最终也只能选择某一事物作为知觉的对象，同时未被选择的其他对象就成了背景，这种特性被称为知觉的选择性。正是由于知觉的这一特性，才使得人们对事物的知觉更加清晰、明确。

知觉的对象和背景不是固定不变的，而是可以相互转化的。影响知觉选择性的因素主要有：

①主观因素：知觉的选择性受个体兴趣、情绪、已有经验、当前任务等主观因素的影响。个体在情绪稳定时，更容易知觉到与当前目标、个人兴趣、符合认知发展水平等相关的事物；相反在情绪失控时，对事物的知觉也会发生很大的变化。

例如，幼儿比较喜欢红色的事物，就会更多地注意到与红色相关的刺激物；在美术活动中，幼儿会根据活动的主题来选择感知的对象。

②客观因素：知觉的选择性受对象的特征、对象与背景的差异、对象的相对活动性等客观因素的影响。对象特征越明显、与背景的差异越大，越容易被感知；在相对静止的背景上活动的物体更容易被感知，在活动背景中不动的事物也容易被感知。

图 2-1-4　手工画《小怪兽》

例如，在幼儿创意手工画《小怪兽》中，与紫色小怪兽相比，黄色小怪兽更容易被知觉到（见图 2-1-4）。

2. 知觉的整体性

知觉对象具有不同的属性，由不同的部分组成，但我们并不会把它感知为个别孤立的部分，而总是把它知觉为一个统一的整体，这种特性被称为知觉的整体性。

在知觉的过程中，个体并不是孤立地反映刺激物的个别属性，而是对多个个别属性进行有机整合，反映事物的整体和关系，即知觉具有把个别属性、个别部分综合成整体的能力。在这个过程中，依赖于组成整体的各个成分的特点及事物的整体特性，也依赖于个体已有的知识和经验。

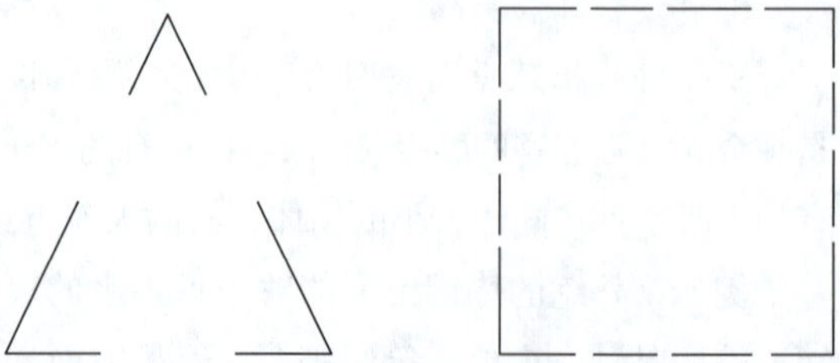

图 2-1-5　知觉的整体性

例如，虽然从外观上看（见图 2-1-5），图片上是不连续的线条，但我们常常会把其知觉为三角形和正方形。

3. 知觉的理解性

在知觉的过程中，个体总是以自己的过去经验为基础，对知觉的对象予以解释，并用词语来标志它，使它具有一定的意义，这种特性被称为知觉的理解性。如果个体的已有知识经验越丰富，对知觉对象的理解就越深刻、越全面，对知觉对象的认识就越完整、越正确。

知觉的理解性会受到知觉对象本身特点的影响，如果知觉对象的特征明确，个体就可以对其进行快速、准确认知；如果知觉对象的特征模糊，个体常常难以或无法理解。

例如，一千个读者就有一千个哈姆雷特，“内行看门道、外行看热闹”，说明不同的人对同一事物的理解往往不同，受个人已有知识经验的影响。

4. 知觉的恒常性

当客观条件在一定范围内发生变化的时候，个体对客观事物的知觉并不会因此而发生相应的变化，这种特性被称为知觉的恒常性。常见的恒常性现象主要有颜色、形状、大小等方面，恒常性消失，人对事物的认识就会失真，进而影响到正常的工作与学习。

例如，无论在清晨、中午或者傍晚，我们都会将国旗的颜色知觉为鲜红色；当我们从不同角度观察同一物体时，虽然物体在视网膜上的成像有差异，但我们并不会认为物体的形状发生了变化；虽然从图片上看（见图 2–1–6），近处的黄牛远大于远处的房屋，但我们并不会认为黄牛比房屋大。

图 2–1–6　知觉的恒常性

精华提炼

拓展阅读

感觉剥夺实验

1954 年，心理学家贝克斯顿、赫伦和斯科特等，首次进行了感觉剥夺实验。在实验中，要求被试者安静地躺在实验室的一张舒适的床上，室内非常安静，听不到一点声音；一片漆黑，看不见任何东西；两只手戴上手套，并用纸卡卡住。吃喝都由主试者事先安排好了，用不着被试者移动手脚。总之，来自外界的刺激几乎都被“剥夺”了。实验开始，被试者还能安静地睡着，但稍后，被试者开始失眠，不耐烦，急切地寻找刺激，他们想唱歌，打口哨，自言自语，用两只手套互相敲打，或者去探索这间小屋。换句话说，被试者变得焦躁不安，老想活动，觉得很不舒服。实验中被试者每天可以得到 20 美元的报酬。但即使这样，也难以让他们在实验室中坚持这种实验到 3 天以上（见图 2–1–7）。

实验的结果显示：感到无聊和焦躁不安是最起码的反应。在实验过后的几天里，被试者注意力涣散，思维受到干扰，不能进行明晰的思考，智力测验的成绩不理想。另外，生理上也发生明显的变化，通过对脑电波的分析，被试者的全部活动严重失调，有的被试者甚至出现了幻觉（白日做梦）现象。这个实验说明，来自外界的刺激对维持人的正常生存是十分重要的，如果缺失了感知觉，人的心理就不能正常发展。

幼儿若长期处于感觉剥夺的状态中，他们的运动和语言发展会明显滞后，智力普遍低下。因此，成人要注意多陪伴幼儿，为幼儿创设一个和谐、温馨、有爱的成长环境。

感觉轰炸与感觉剥夺相反，是指个体受到过多、过强、过杂、过久的刺激，造成感觉疲劳和抑制不良的情形。现已有大量证据可以证明，过早地开发幼儿智力，会使其失去对学习的兴趣。成人应根据幼儿的身心发展特点，为其创设合适、轻松、有趣的学习成长环境。

——整理节选《普通心理学》，彭聃龄

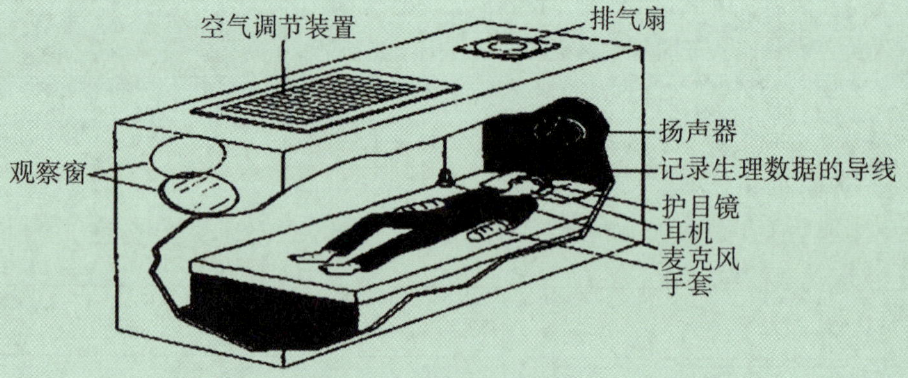

图 2–1–7　感觉剥夺实验

任务 2　分析幼儿感知觉发展的特点

案例导入

圆圆是一个 3 岁的小男孩，特别活泼好动，对事物充满了好奇心。每当听到一些新奇的声音，就会跑过去问老师是什么声音；看到喜欢的玩具，总是拿起来敲敲打打，甚至还想把它拆开；遇到不认识的东西时，他总是看了又看，闻了又闻，偶尔还会放到嘴巴里咬一下。

圆圆的这些行为并不是说明圆圆很调皮、淘气，相反正表明圆圆在用自己的方式探索世界，了解事物，教师要充分保护幼儿的好奇心，耐心为幼儿解答困惑，引导幼儿加深对事物的认识，促进幼儿感知觉的发展。

一、析一析幼儿感知觉的发展特点

（一）幼儿感觉的发展特点

1. 视觉

视觉是人类最重要的一种感觉，它主要由光刺激作用于人眼所产生，眼睛是所有感觉器官中最活跃、最重要、最主动的感觉器官。心理学研究认为，人的 70%~75% 的信息是通过视觉得到的。幼儿期视觉的发展主要表现在视敏度和颜色视觉两个方面。

①视敏度

视敏度是指视觉系统分辨最小物体或物体细节的能力，医学上称之为视力。研究者对 4~7 岁的幼儿进行视敏度调查发现：在不同年龄段幼儿面前出示同一幅有缺口的圆形图，测量其刚能看出缺口的距离，发现 4~5 岁的幼儿平均距离为 207.5 厘米，5~6 岁的幼儿为 270 厘米，6~7 岁的幼儿为 303 厘米。如果把 6~7 岁的幼儿视敏度的发展程度假设为 100%的话，那么，4~5 岁的幼儿为 70%，5~6 岁的幼儿为 90%。可见，视敏度会随着年龄的增长而不断提高，但不同年龄段发展的速度不均衡，5 岁是视敏度发展的转折期。

拓展阅读

为了幼儿视敏度的健康发展，首先，教室桌椅的高度要考虑幼儿的身高，根据幼儿生长发育特点设置最佳的桌椅高度比例；其次，教师要注意教室的采光问题，不可过亮或者过暗，要根据实际情况及时调整教室光线；再次，在上课时教师要时刻关注幼儿与图片或实物的距离远近问题，及时纠正幼儿的不良坐姿；最后，教师在制作教具、图片等辅助教学工具时，要考虑幼儿的年龄特点，对于年龄越小的幼儿，文字、图画越要大些。保护幼儿的视敏度，预防眼睛近视，是幼儿家长和教师的重要责任。

——整理节选《幼儿心理学》，覃敏、彭本峰

②颜色视觉

颜色视觉是指区别颜色细致差别的能力，又称为辨色力。三四个月大的婴儿开始能分辨彩色与非彩色的区别。随着年龄的增长，幼儿的颜色视觉不断发展，幼儿能逐渐将颜色和其名称结合起来，在此过程中，幼儿一般是先认识颜色，然后学会标志颜色的词语。幼儿期颜色视觉的发展特点具体表现如下：

3~4 岁时，幼儿已能初步辨认红色、橙色、黄色、绿色、蓝色等基本色，但在辨认混合色和近似色时，往往较困难，也难以说出颜色的正确名称；

4~5 岁时，学前儿童大多数能认识基本色、近似色，并能说出基本色的名称；

5~6 岁时，学前儿童不仅能认识颜色，而且在画图时，能运用各种颜色调出需要的颜色，并能正确地说出混合色和近似色的名称。

颜色视觉的发展既具有个别差异，也有性别差异，通常女孩的颜色视觉比男孩强。研究表明，幼儿颜色视觉的发展，主要在于颜色视觉与掌握颜色名称的联系。因此，研究者建议在教育中要注意指导幼儿掌握明确的颜色名称；通过近似色的对比指导幼儿辨色，让幼儿多接触各种颜色，并经常教育幼儿做精确地辨认。

2. 听觉

听觉是特定范围内的声波刺激耳膜后产生的反应，人们通过听觉可以和别人进行言语交际，欣赏音乐，获取环境信息等，因此听觉在动物和人的适应行为中有重要的作用。研究发现，20 周的胎儿就已具备听觉能力，并且，以人声和物体的声响相比较，新生儿爱听人的声音、母亲的声音、高音调的声音、柔和的声音。儿童的听力一般要到 14~19 岁时才达到最高水平。

拓展阅读

教师在幼儿语言教育中，应特别注意幼儿是否听得清楚，要及时发现其在听觉方面的缺陷，例如“重听”现象。所谓“重听”就是指学前儿童对别人的话听得不清楚、不完全，但他们常常能根据说话者的面部表情、嘴唇动作以及当时说话的情境，猜出说话的内容。当幼儿出现这种现象时，说明他们的听力已经有了缺陷，应该引起成人的重视，及时采取措施进行有效干预，否则幼儿的言语能力以及智力的发展都会受到消极的影响。

——整理节选《学前儿童发展心理学》，刘军

3. 嗅觉、味觉

嗅觉是鼻腔里的嗅细胞对散发在空气中的气体刺激引起的反应。新生儿能利用他们的嗅觉能力准确地识别自己的母亲。在儿童掌握语言后，对气味的感受性会更加敏感和准确，嗅觉具有个别差异，同时嗅觉也具有很强的适应性，如“入芝兰之室，久而不闻其香；入鲍鱼之肆，久而不闻其臭”。

味觉是口腔里的味蕾对溶解于水的物质刺激的反应。人的味觉能辨别酸、甜、苦、咸四种味道，新生儿的味觉十分敏感，尤其是对甜味十分偏好。婴幼儿的味觉对他们选择食物具有重要意义。

4. 肤觉

肤觉是一组复合的感觉，包括触觉、温觉、痛觉等。肤觉具有性别差异，通常女孩比男孩敏感。

触觉是皮肤受到机械刺激而引起的感觉。触觉是人体分布最广、最复杂的感觉，也是人体发展最早、最基本的感觉之一。触觉是肤觉和运动觉的联合，可以使个体在触摸中对物体的大小、形状、软硬、轻重、粗细、光滑粗糙等属性进行感知，是幼儿认识世界的主要手段，对于个体的认识过程、情绪的发展过程都具有重要的作用。在幼儿触觉发展过程中，有两个重要的器官：口腔和手。口腔是0~1岁幼儿主要的触觉器官，1岁以后，手成为其主要的触觉器官。

温觉是皮肤对外界温度的感觉。胎儿在母亲腹中处于恒温状态，出生以后，新生儿对外界温度的变化十分敏感。一般说来，新生儿怕冷不怕热。皮肤表面的温度称为生理零度，身体的不同部位，生理零度不同，因而对温度刺激的敏感程度也不同。身体裸露部位生理零度为28℃，前额为35℃，衣服内为37℃，这也就要求成人在给幼儿进行沐浴试温时，要保证水温在手部的触感稍热才行，如果以手部试温刚好，在身体上的感觉则会稍凉。

痛觉是皮肤对伤害性刺激的感觉。新生儿的痛觉很敏感，痛觉具有保护机体免受伤害的作用。疼痛发生的条件主要包括三个方面：伤害或过强刺激的刺激量、痛觉阈限、痛的情绪。成人对幼儿的疼痛情绪可以起暗示作用，积极的情绪暗示会使幼儿疼痛感减轻，相反，消极的情绪暗示会使幼儿感到疼痛更加强烈。

拓展阅读

视触协调主要表现为手眼探索活动的协调。手眼协调活动是幼儿认知发展过程中的重要里程碑，也是手真正进行探索活动的开始。手眼协调动作出现的主要标志是伸手去拿看得到的东西。产生手眼协调动作的条件有三个：一是知觉物体的位置，主要是视觉。二是知觉到手的位置，主要是动觉。三是视觉指导手的触觉活动。

——整理节选《学前儿童发展心理学》，刘军

（二）幼儿知觉的发展特点

1. 空间知觉

①形状知觉

形状知觉是以视觉为主的，包括动觉、触觉在内的复合感知。研究发现，幼儿对8种常见的几何图形的辨别难度有所不同，由易到难的顺序依次是：圆形、正方形、三角形、长方形、半圆形、梯形、菱形和平行四边形。圆形最容易被幼儿掌握。因此，在幼儿园教学活动中，要求小班幼儿能正确掌握圆形、正方形、三角形、长方形；中班能正确掌握圆形、正方形、三角形、长方形、半圆形、梯形；大班能正确掌握圆形、正方形、三角形、长方形、半圆形、梯形，在教师指导下，幼儿能适当辨认菱形、平行四边形和椭圆形。

幼儿形状知觉逐渐和掌握形状的名称结合起来。为了更好地促进其形状知觉的发展，教师在教学中，一方面要让幼儿在看与摸的结合中学习几何图形，另一方面要使幼儿掌握关于几何图形的词语。

②大小知觉

大小知觉是大脑对物体的长度、面积、体积在量方面变化的反映，它是靠视觉、触觉和动觉的协同活动实现的，其中视知觉起主导作用。对图形大小判断的正确性，要由图形本身的形状而定。幼儿判断圆形、正方形和等边三角形的大小较容易，而判断椭圆形、长方形、菱形和五角形的大小却有困难。

幼儿判断大小的能力还表现在判断的策略上。4~5 岁的幼儿在判别积木大小时，要用手逐块地摸积木的边缘，或把积木叠在一起去比较。而 6~7 岁的幼儿，由于经验的作用，已经可以单凭视觉辨别出积木的大小。

③距离知觉

距离知觉是辨别物体远近的知觉。幼儿对于所熟悉的物体或场所可以区分远近，对于比较广阔的空间距离，还不能正确认识，幼儿不能很好理解透视原理，不懂得“近物大、远物小”“近物清晰、远物模糊”等感知距离的视觉信号，因此他们在绘画时，不善于把实物的距离、位置、大小等空间特性正确地表现出来，不能正确判断作品中所观察对象的远近位置。如把图画中远处的树理解为小树，把近处的树理解为大树。

图 2–2–1 “视崖”实验

深度知觉是距离知觉的一种。为了了解幼儿的深度知觉，吉布森和沃克曾选取 36 名 6.5~14 个月的婴幼儿进行“视崖”实验，见图 2–2–1，结果发现大多数幼儿只爬到浅滩，即使母亲在深滩一侧呼喊，幼儿也不过去，或因为想过去又不能过去而哭喊。该实验说明婴幼儿已有深度知觉。

④方位知觉

方位知觉是指对自身或物体所处的空间位置的知觉，如对上、下、前、后、左、右等位置的知觉。研究表明，幼儿的方位知觉发展的顺序是上、下、前、后、左、右，具体如下：

3 岁仅能辨别上下，4 岁开始辨别前后，5 岁开始能以自身为中心辨别左右，6 岁能完全正确地辨别上、下、前、后四个方位，7 岁后能以他人为中心辨别左右，知道两个物体之间的左右方位。

由于幼儿辨别空间方位是从以自身为中心辨别过渡到以其他客体为中心辨别，因此教师在舞蹈、体育等活动中要做“镜面”示范，即以幼儿的角度来做示范动作，不能抽象地说“左右”，否则容易引起混乱而导致活动效果不佳。

2. 时间知觉

时间知觉是对客观现象的延续性、顺序性和速度的反映。由于时间比空间更为抽象，时间知觉不能通过某一个专门的感官进行，人们总是借助于某种衡量时间的媒介来反映时间，如天体的运行、人体的节律或专门的计时工具。幼儿的时间知觉则主要是依靠生活中接触到的周围现象的变化。3 岁前主要以人体内部的生理状态，如生物钟来反映时间，即以生物节律周期来反映时间，到点就感到饿，想要吃东西。学前期儿童逐渐能够以外界事物作为时间的标尺。

3~4 岁，幼儿已有一些初步的时间概念，但往往和他们具体的生活活动相联系。他们对于一些带有相对性的时间概念，如对昨天、今天、明天，就难以正确掌握。一般来说，他们只懂得现在，不理解过去和将来。如：对于 3~4 岁幼儿来说，其理解的“早晨”就是指起床的时候，“下午”就是指放学家人来接的时候，“晚上”就是指睡觉的时候。

4~5 岁，幼儿可以正确理解昨天、今天、明天，但对于较远的时间，如前天、后天等理解起来就比较困难。

5~6 岁，幼儿的时间概念进一步发展，开始能辨别大前天、前天、后天、大后天，也能分清上午、下午，知道今天是星期几，知道春、夏、秋、冬四季，并能学会看钟表等，但对于更短的或更远的时间观念就很难分清，如从前、马上等。

二、论一论幼儿观察力的发展特点

观察是一种有目的、有计划、比较持久的知觉过程，是知觉的高级形式，是个体主动认识客观事物的一种方式。观察的全过程均与其他心理过程紧密相连，对于幼儿而言，观察力的培养和发展有利于其认识世界、掌握知识、发展心理，不过幼儿的观察力一般目的性不够明确，细致性有所欠缺，观察的持续性和概括性也有待提高。

（一）观察的目的性不够明确

3~4 岁幼儿的观察往往没有明确的目的，容易受到外界刺激物以及个人情绪、兴趣、经验等主观因素的干扰，或者被细节所吸引，忘记了观察的目的或频繁更换观察对象。随着幼儿年龄的增长，幼儿逐渐能够根据观察的任务，有目的地排除干扰，克服困难，增强观察的目的性。

（二）观察的细致性有所欠缺

幼儿的观察一般是笼统的，看得不细致，这是幼儿的特点和突出问题。3~4 岁幼儿对事物的观察容易停留于表面的、明显的、有趣的部分，只能注意到事物粗略的轮廓，到了 4 岁以后，幼儿的观察逐渐细致，在成人的帮助下，逐渐能关注到事物比较内在的、隐蔽的、细微的特点。

（三）观察的持续性相对较短

3~4 岁幼儿的观察持续的时间往往较短，容易转移注意的对象。研究表明，其持续观察图片的时间大约只有 5~6 分钟，如果观察对象是他们不感兴趣的，持续的时间则会更短。随着年龄的增长，幼儿的观察时间会有所延长，到 6 岁时大约能达到 12 分钟。

（四）观察的概括性水平较低

研究发现，3 岁幼儿在观察图形时，其眼球运动的轨迹是杂乱的，缺乏系统性；4~5 岁幼儿的眼动轨迹则越来越符合图形的轮廓，系统性开始形成。3~4 岁的幼儿观察到的一般是事物零散的特征、孤立的现象，往往发现不了事物之间的内在联系和本质特征，缺乏概括性；4~6 岁的幼儿开始能有顺序地进行观察，能获得事物比较完整、系统的印象，能概括出事物更加本质的特征。

任务 3　梳理培养幼儿感知觉发展的方法

案例导入

有一天王老师正在上课，突然教室里飞来了一位“不速之客”停在了窗沿上，幼儿的眼睛都齐刷刷地看了过去，王老师一看，原来是一只小麻雀。王老师就此让幼儿展开了讨论：“小朋友们，这是什么鸟呀？谁能告诉老师吗？”小朋友们开始七嘴八舌，有的说是鸽子，有的说是喜鹊，有的说是啄木鸟，王老师笑了笑说：“小朋友们认识好多鸟呀！真厉害！那你们仔细观察一下我们教室的这位小客人的外貌，它长得像你们说的那些鸟吗？”……

幼儿的好奇心很强，注意力也容易分散，在课堂上当幼儿被麻雀吸引后，王老师并没有粗暴地打断幼儿的观察，而是顺势让幼儿去讨论这是什么鸟，以此为契机激发了幼儿的观察欲望，保护了幼儿的好奇心。

一、幼儿观察力的培养方法

（一）明确观察目的

在观察活动开始前，教师应做好充分的准备，并向幼儿提出具体的观察目的或任务，让幼儿明白在观察的过程中需要获取的信息是什么，明确的目的可以更有效地指引幼儿集中注意力，进行观察活动。

如：让幼儿观察“小蝌蚪是如何变成小青蛙”时，教师可以向幼儿提出以下几个具体的任务。第一，小蝌蚪和小青蛙有什么区别呢？第二，小蝌蚪的尾巴去哪里了呢？第三，小蝌蚪的脚是怎么长出来的？……

（二）激发观察兴趣

幼儿积极主动性的发挥是完成观察任务的必要条件之一，只有激发了幼儿的观察兴趣，才能让幼儿在观察的过程中更加积极主动参与。幼儿大都是活泼好动、好奇好问的，作为教师应多带幼儿接触大自然，在真实的情境中释放幼儿的天性，激发幼儿对事物的强烈求知欲，多鼓励幼儿动手操作，保护好幼儿的好奇心，对待幼儿提出的问题，耐心回答，并及时肯定、表扬幼儿。

如：为了让幼儿观察四季的变化，可以带领幼儿分别在春天、夏天、秋天、冬天观察花草树木以及人们衣着服装的变化，让幼儿对四季有充分的亲身体验。

（三）调动多种感官

在教师引导幼儿进行观察活动时，应充分调动幼儿的多种感官，观察不只是用视觉完成，还应多鼓励幼儿用听觉、触觉或其他感知觉去观察事物，一方面可以提高幼儿对事物的认识，获得对事物更全面的感知，丰富自身的感性经验；另一方面也可以增强幼儿的注意力，让幼儿注意保持的时间更加长久，从而为其他心理过程的发展奠定基础。

如：观察苹果时，可以让幼儿用眼睛看、用手去摸、用嘴巴去尝，从而获得对苹果形状、颜色和味道的认识；观察小猫时，让幼儿看看小猫的外形、听听小猫的叫声、猜猜小猫喜欢的食物等。

（四）教授观察方法

幼儿的观察往往是没有章法可循的，一会儿看看这里，一会儿看看那里，这主要是幼儿认知发展水平不足以及经验的缺乏导致的。这也就要求幼儿在观察时，教师应该教授一定的观察方法，如引导幼儿由上至下、由左至右、由前至后、由里至外进行观察，提高幼儿观察的效率。

如：在看柳树的图片的时候，教师可以引导幼儿先观察树干，再观察树枝，然后观察树叶；在看小兔子的图片的时候，教师可以引导幼儿先观察小兔子的头，再观察小兔子的身体，最后观察小兔子的脚和尾巴。

二、运用感知觉规律组织教育活动

1. 教师应时刻关注教室的采光以及空气质量，及时做出调整；当教室比较吵闹时，应降低音量或者制造其他声音，吸引幼儿注意力。

2. 教师的板书、板画、挂图制作、教具运用，都应当遵循知觉对象与背景差异的规律。板书、板画或绘制挂图必须在色彩、线条、大小以及位置等方面多加考虑，应当用背景把知觉对象衬托出来，使幼儿对知觉对象能够明确认识，容易掌握。对年龄较小的幼儿尤其要注意加大对象与背景的差别；知觉的内容不能太复杂，以便于他们学习和掌握。

3. 教师应当尽量多地利用模仿活动、活动玩具、幻灯片、录像等，使幼儿对事物获得清晰的知觉；讲课时，注重语言的抑扬顿挫，重要的内容要加重语气，辅以合适的表情、手势，使重点从其他内容中突显出来。

4. 教师应从各方面丰富幼儿的生活经验。例如组织幼儿参观、游览，扩大幼儿的视野。在教学中尽量充实教材内容，并与幼儿的实际生活相结合，丰富幼儿的生活经验，这样有利于幼儿对知觉对象的理解。在幼儿感知事物的过程中，教师要进行言语指导，使语言和直观结合起来，这对幼儿感知和理解客观事物也很重要。

总之，感知觉是心理过程的基础，影响着各种心理过程的发展，幼儿的各种感觉和知觉在良好的教育影响下明显地发展着。教师在进行教育和教学工作时，要充分考虑幼儿感知觉的发展特点，注重培养幼儿的感知能力，提升幼儿的观察力。

课堂小活动

组织学生讨论自己认为可以运用到教学中的感知觉规律有哪些？如果你是一名幼儿园教师，你可以怎么运用？

案例分析

秋天到了，教师在美工区开展了画树叶的活动。可是教师发现小朋友画的树叶长得都一样。于是，教师组织了一次收集树叶的活动，小朋友通过捡树叶、找树叶、给树叶分类、用树叶拼画的活动对树叶的形状、颜色、大小等特征有了深入的了解。这时，教师再让小朋友们去画树叶，小朋友的表现就丰富极了。

在第一次的画树叶活动中，由于幼儿缺乏对树叶的直观感知而导致最终画的树叶都一样；在第二次的活动中，幼儿在亲身实践中看到了、摸到了树叶，从而使幼儿的表现力大大增强，这也就表明，幼儿教师在组织幼儿活动时，应提供给幼儿直接感知的机会，丰富幼儿的感性经验，最终达到提升幼儿观察力的目的，促进幼儿的健康发展。

任务 4　练习培养幼儿感知觉的发展

一、口述或抄写培养幼儿感知觉发展的方法

二、设计一节训练幼儿观察力的游戏活动

范例	学生设计活动
游戏名称：《请你猜一猜》（中班） **游戏目的**：训练幼儿的观察力。 **游戏准备**：幼儿对袋中事物有了基础的认知。	**游戏名称**： **游戏目的**： **游戏准备**：
游戏方法：让幼儿把手伸进一个不透光的装满玩具水果的袋子里，随手抓住其中一个水果，并说说自己摸到的水果是什么。 **游戏规则**：幼儿不能在袋中更换水果，抓到的是什么就开始猜，并说说该种水果的颜色、外形、味道等特点	**游戏方法**： **游戏规则**：

三、试玩游戏活动

1. 合理分组，选举组长。
2. 组长扮演老师，组员扮演中班的幼儿。
3. 组内体验、观察、总结、分享。

四、分享训练体会

1. 班上分享训练体会。
2. 总结培养幼儿观察力的方法和注意事项。

拓展阅读

蒙台梭利的感官教育

感官教育在蒙台梭利教育体系中占有重要的地位，并成为她的教育实验的主要部分。蒙台梭利的感官教育包括触觉、视觉、听觉、嗅觉和味觉等感官的训练。触觉训练在于帮助儿童辨别物体是光滑的还是粗糙的，辨别温度的冷热，辨别物体的轻重和大小、厚薄、长短以及形体。她认为，由于儿童总是通过触觉来认识周围事物，因此，在各种感觉训练中，触觉练习是其主要方面。视觉训练则在于帮助儿童提高鉴别度量的视知觉，鉴别形状、颜色、大小、高低、长短及不同的几何形体；听觉训练主要使儿童习惯于辨别和比较声音的差别，使他们在听声训练过程中，培养起初步的审美和鉴赏能力；嗅觉和味觉训练注重提高儿童嗅觉和味觉的灵敏度。

蒙台梭利希望通过这种感觉训练，使儿童成为更加敏锐的观察者，增进和发展他们的一般感受能力，并且使他们的各种感觉处于更令人满意的准备状态，以完成诸如阅读和书写等复杂的动作。

——整理节选《学前心理学》，曹中平

思维导图

- 探究幼儿感知觉的发展
  - 体验幼儿感知觉的发展
    - 感知觉的概念：感觉——个别属性、知觉——整体属性
    - 感知觉的关系：感觉是知觉的基础、知觉是对感觉信息的组织和解释过程
    - 感知觉的分类：感觉分外部感觉和内部感觉、知觉分物体知觉和社会知觉
    - 感知觉的规律：感觉——适应、对比、补偿、联觉、感受性；知觉——选择性、整体性、理解性、恒常性
  - 分析幼儿感知觉发展的特点
    - 幼儿感知觉的发展特点：感觉——视、听、嗅、味、肤；知觉——空间知觉、时间知觉
    - 幼儿观察力的发展特点：目的性不明确、细致性欠缺、持续性较短、概括性较低
  - 梳理培养幼儿感知觉发展的方法
    - 幼儿观察力的培养方法：明确目的、激发兴趣、调动感官、教授方法
    - 运用感知觉规律组织教学：光线、教具设计、活动方式、语言组织
  - 练习培养幼儿感知觉的发展
    - 口述培养幼儿感知觉发展的方法
    - 设计训练幼儿观察力的活动
    - 会玩、会分享、会总结、会运用

技能高考

一、单项选择题

(　　) 1. 感觉是人认识世界的主要途径，剥夺感觉会导致的结果不包括________。

A. 注意力涣散　　B. 思维更清晰　　C. 出现幻觉　　D. 焦虑不安

(　　) 2. 蓝色能使人感到宁静，红色则使人感到热情，这种现象是________。

A. 视觉　　B. 肤觉　　C. 联觉　　D. 触觉

(　　) 3. 当同一感受器受同一刺激物的作用时，感受性会发生变化，这一现象称为________。

A. 感觉对比　　B. 感觉融合　　C. 感觉掩蔽　　D. 感觉适应

(　　) 4. 两个相同颜色的色块，放在不同的背景中，产生的视觉效果并不相同，这种现象被称为________。

A. 同时对比　　B. 继时对比　　C. 感觉剥夺　　D. 感觉差异性

(　　) 5. 课堂上，教师让幼儿观看某动物的局部图片，当看到两个黑眼圈时，幼儿高兴地大叫起来："这是熊猫"，这体现了________。

A. 知觉的理解性　　B. 知觉的选择性

C. 知觉的整体性　　D. 知觉的恒常性

(　　) 6. 知觉的条件在一定范围内发生改变时，知觉的映像却保持稳定，这是知觉的________。

A. 恒常性　　B. 整体性　　C. 选择性　　D. 理解性

(　　) 7. 以下关于幼儿颜色视觉发展的说法中，错误的是________。

A. 3~4 岁幼儿能初步辨认红、橙、黄等基本颜色

B. 3~4 岁幼儿可以说出部分颜色的名称

C. 4~5 岁幼儿可以区分一些近似色

D. 4~5 岁幼儿可以说出基本色的名称

(　　) 8. 个体在 1 岁前，________是其主要的触觉器官，________是幼儿认知发展的里程碑。

A. 手，手眼协调　　B. 口腔，手脚协调

C. 手，手脚协调　　D. 口腔，手眼协调

(　　) 9. "视觉悬崖"说明 6 个月大的婴儿已经具备________。

A. 方位知觉　　B. 大小知觉　　C. 距离知觉　　D. 时间知觉

(　　) 10. 以下关于幼儿时间知觉发展的说法中，正确的是________。

A. 2 岁时已经具备了时间观念

B. 3 岁时可以正确理解早上、中午和晚上

C. 4 岁可以理解前天、后天

D. 5 岁时可以理解立刻、从前

二、判断题（正确的打"√"，错误的打"×"）

(　　) 1. 感觉和知觉都是客观事物间接作用于感觉器官而产生的。

(　　) 2. 影响感知觉的因素是多方面的，如个人情感、经验和知识。

(　　) 3. 根据知觉对象的不同，可将知觉分为物体知觉和空间知觉。

(　　) 4. 幼儿可以通过气味、外形等条件分辨自己喜欢的食物，这是感知觉的作用。

(　　) 5. 在一堆红色玩具中有一个绿色的玩具，幼儿会马上注意到绿色的玩具，是因为知觉的整体性。

(　　) 6. 男孩子的辨色力比女孩子强些。

(　　) 7. 手是个体在 1 岁之前主要的触觉器官。

(　　) 8. 6 个月的婴儿可以辨别大小，但还无法辨别形状。

(　　) 9. 幼儿感知觉处于发展阶段，所以在让幼儿进行观察前，不需要提出任务和要求。

(　　) 10. 3~4 岁的幼儿在观察时，常会被无关事物所吸引，这是因其观察力缺乏细致性。

三、案例分析

圆圆上小班了，有一次过生日的时候，妈妈邀请了好多小朋友一起来和圆圆过生日。圆圆看着桌上的蛋糕问妈妈："妈妈，我可以先吃点蛋糕吗？"妈妈说："圆圆，蛋糕要一起吃才好哦！你再等 10 分钟吧！"圆圆高兴地数起数来："1、2、3……10，好啦！我可以吃蛋糕啦！"妈妈生气地说："圆圆，你怎么这么不听话？说好了要等 10 分钟！"

请你从幼儿知觉发展特点的角度出发，分析妈妈的做法是否正确？圆圆的表现是否正常？并说说理由。

参考文献

[1] 王振宇 . 幼儿心理学 [M]. 北京：人民教育出版社，2012.

[2] 刘军 . 学前儿童发展心理学 [M]. 南京：南京师范大学出版社，2017.

[3] 曹中平 . 学前心理学 [M]. 长沙：湖南师范大学出版社，2019.

[4] 彭聃龄 . 普通心理学 [M]. 北京：北京师范大学出版社，2009.

活动3 探究幼儿注意力的发展

活动导读

注意力是一个人自控能力的重要表现之一，在人的成长中既可以有效培养，也可以积极主动探究。我们要培养幼儿具有较好的注意力，促进其健康快乐发展，首先要了解注意的概念，熟悉与之相关的内部心理活动过程和外部表现特征等基本知识；还要探究幼儿注意发展的特点，掌握规律；再根据幼儿的整体特点和具体个性特点进行针对性培养，循序渐进的发展幼儿注意力。熟练运用相关策略促进幼儿园教育活动高效圆满完成。

学习目标

1. 理解幼儿注意的概念。
2. 掌握幼儿注意的发展特点。
3. 掌握防止幼儿注意分散的措施及培养幼儿注意力发展的方法。
4. 运用幼儿注意发展理论提高幼儿园工作效率。

内容结构

学前构建	学后归纳
探究幼儿注意力的发展 - 体验幼儿注意力的发展 - 分析幼儿注意力的发展特点 - 梳理培养幼儿注意力发展的方法 - 练习培养幼儿注意力的发展	

任务1 体验幼儿注意力的发展

案例导入

3岁的团团蹦蹦跳跳地来到教室，手舞足蹈，静悄悄的班级一下子热闹起来，班上的同学也一下子被吸引过来。正当团团一脸兴奋地看着画笔，想要伸手玩耍时，又被另一个姐姐的布娃娃吸引走了。

大家刚才参与的过程就是注意变化的过程，3岁的团团很容易被新奇的玩具吸引注意力。

一、说一说注意的概念

注意是心理活动对一定对象的指向与集中。指向性是集中性的前提和基础；集中性是指向性的具体体现和发展。注意有两个基本特点就是指向性和集中性。注意的基本功能是对信息进行选择。

指向性指个体在处于清醒的每一瞬间，心理活动总是有选择地指向某个对象，而同时离开或忽略其他对象。个体因指向性而选择一些指定的对象加以反映，可以保证个体的心理活动能准确地把握某些事物，而对其他事物反映模糊不清。

集中性指心理活动停留在被选择对象上的程度，它使心理活动离开一切与当前注意对象无关的事物，并且抑制多余的活动。

例如医生在做复杂的手术时，他的注意高度集中在病人的患部和手术动作上，与手术无关的人和物都被排除在注意范围以外，这是注意的指向和集中的体现。再如幼儿在看舞蹈老师跳舞，就不会再去看旁边的生活老师，这是因为注意的指向性；幼儿在看舞蹈老师跳舞时，能长时间观察老师的舞蹈动作，而不会看到旁边的生活老师是不是在喝水，这是因为注意的集中性。

二、看一看注意的外部表现

课堂小活动

请学生代表说出一些带有注意含义的词语，请其他学生表演，大家一起观察，并根据相似程度打分。

通过观察，我们会发现注意这种内部心理状态，常常伴随着特定的生理变化和外部表现，比较明显的有以下几个方面。

（一）适应性运动出现

当个体通过感官对某个对象产生注意时，相应的感觉器官就会产生相应的适应性运动，他人往往通过观察这些适应性运动就能够知道个体正在注意什么。

例如，注意看的适应性动作有凝神远望、目不转睛；注意听的适应性动作有耳朵抽动、侧耳倾听；沉思的适应性动作有拖住下颌、发呆等。

（二）无关运动的停止

当个体的注意力集中在某项活动时，他会自动停止与注意无关的各种动作。

例如，当幼儿听老师讲故事入迷时就不会做小动作，而表现得非常安静；当一个非常引人注目的人或物出现时，其他人会忘掉其他动作，只是呆呆地看着这个人或物。

（三）呼吸运动的变化

当个体注意集中时，其血液循环和呼吸都可能出现变化，一般来说呼吸会变得轻微而缓慢，吸得更短、呼得更长。如果处于紧张状态中，个体还会出现心跳加速、牙关紧闭、紧握拳头等现象，甚至会出现呼吸暂时停歇的现象，即“屏息凝神”。

三、想一想注意与各种心理过程的关联

我们知道注意是一种非常重要的心理活动，它的基本功能是对信息进行选择。在这个选择的过程中，注意会伴随着各种心理过程而展开。注意只有通过各种认识、情感、意志等心理活动过程才得以表现，例如，当我们说“注意交通信号、注意老师讲课、注意某个问题、注意他人的感受”时，言下之意还隐含了“看、听、思考、体验”等同时进行的心理活动；反之，如果没有注意的参与，人们的各种认识、情感、意志等心理活动也因心不在焉而难以展开。

总之，注意不是独立的心理过程，但任何一种心理过程自始至终都离不开注意。

四、理一理注意的分类

人们对事物的注意，有时是自然而然发生的，不需要任何意志努力；有时是有目的的，需要意志努力来维持的。根据注意时有无目的和意志努力的程度，把注意分为无意注意、有意注意和有意后注意三类。他们的区别与联系见表 3-1-1。

表 3-1-1 注意的分类、区别与联系

类型	无意注意	有意注意	有意后注意
别名	不随意注意	随意注意	随意后注意
目的性	没有	有	有
意志努力	不需要	需要	不太需要

续表

类型		无意注意	有意注意	有意后注意
引起和保持的条件	客观条件（刺激物的特点）	强度；新颖性；变化；对比关系	明确的活动任务；对活动的合理组织；对活动的间接兴趣；个体的意志努力	以有意注意为基础；活动技能达到自动化程度；对活动有直接兴趣
	主观条件（人的主观状态）	需要和兴趣；情绪和精神状态；知识经验和期待		
特点		保持时间短，耗费精力少	保持时间长，耗费精力多，易疲劳	保持时间长，耗费精力少，自觉性好
性质		低级、被动、不自觉	高级、主动、自觉	更高级、主动、自觉
优点		轻松、愉快	服从目的任务	很好地完成任务
缺点		难维持注意	易感枯燥疲劳	不能脱离前者
举例		区角活动时，灵灵小朋友故意捣乱，推翻了依依小朋友的积木，惹得依依大哭起来，很多小朋友放下玩具向依依望去	区角活动时，灵灵小朋友故意捣乱，推翻了依依小朋友的积木，惹得依依大哭起来，很多小朋友望着依依，并讨论，环境嘈杂起来。但有一位小朋友因为想弄明白同伴讲的故事，仍然认真倾听	区角活动时，灵灵小朋友故意捣乱，推翻了依依小朋友的积木，惹得依依大哭起来，很多小朋友望着依依，并讨论，环境嘈杂起来。但有一位正在建“城堡”的小朋友却依然沉迷其中，继续建“城堡”

精华提炼

拓展阅读

引起无意注意的原因：从客观原因上来说，是刺激物的特点，包括刺激物的强度（如声音大小、颜色对比等）。刺激物的新异性及鲜明对比（鹤立鸡群、万绿丛中一点红等），刺激物的运动变化（改变队形、逆流前进等）；从主观原因上来说，是个体的主观状态，包括个体的需要、兴趣、态度，个体的情绪、情感，个体的心境和已有的知识经验等。

引起有意注意的原因：有明确的活动目的和任务，个体有稳定的间接兴趣，有合理组织的活动，没有无关刺激的干扰。

——整理节选《幼儿心理学》，秦敏、彭本峰

任务 2 分析幼儿注意力的发展特点

案例导入

团团是一名顽皮的5岁男孩，他在集体教学活动时，经常不听教师讲故事，自顾自地玩玩具。但是，在活动结束后，他还能够与其他幼儿分享教师上课时讲的故事。

团团与幼儿分享的故事也主要是他通过无意注意所获得的信息。下面一起分析一下幼儿注意力的发展特点吧。

一、析一析幼儿注意的发展特点

在个体发展中，无意注意的发生先于有意注意。如新生儿刚开始接触外部环境时就出现了无条件定向反射，这就是个体无意注意发生的标志。随着年龄的增长，个体的注意也在不断发展，幼儿的无意注意会达到一定的成熟程度，有意注意开始发展。

简单来说，3~6 岁的幼儿注意发展特点是无意注意占优势，有意注意逐渐发展。

（一）无意注意占优势

幼儿随着年龄增长，活动范围扩大，求知欲增强，会产生新的兴趣和需要，容易引起幼儿注意的事和物也增多了。幼儿就喜欢通过自己的触觉、听觉和视觉去接触、探究自己感兴趣的新鲜事物。同时，大量地模仿大人或年长伙伴的行为动作，满足社交需求，丰富生活经验。这个阶段幼儿无意注意的特点：一是注意的原因主要取决于刺激物的物理特性，如形象鲜明、色彩丰富、活动多变的事物；二是注意的对象主要取决于幼儿的兴趣和需要，与幼儿兴趣和需求联系越密切的事物越容易成为幼儿无意注意的对象。

例如，幼儿喜欢看动画片、听故事，喜欢玩“娃娃家”“邮递员”“医生”“售货员”等角色游戏，在很大程度上是因为这些游戏活动符合幼儿无意注意的两个具体特点。

（二）有意注意逐渐发展

由于受到自身大脑发育水平的限制，幼儿 3~6 岁时，无意注意达到一定成熟程度，有意注意处于发展的初级阶段，表现为发展水平低，很不稳定，需要在成人的指导和引导下逐步进行。

特别是在进入幼儿园后，幼儿在集体生活中开始学会遵守相关的生活制度、行为规则，学会听从教师的语言要求完成相应的任务，承担一定的责任和义务。幼儿在幼儿园教育和活动中也逐渐学会了一些注意的方法，慢慢训练促进了幼儿有意注意的形成与发展（见表 3-2-1）。

表 3-2-1 幼儿有意注意的发展

年龄	发展特点	持续时间
3~4 岁	有意注意稳定性较低	幼儿无法将注意持久地集中于一个对象，一般只能持续 3~5 分钟。此外，他们注意的对象数量也比较少
4~5 岁	有意注意得到一定的发展	在良好的教育条件下。注意集中的时间可以达到 10 分钟左右。同时他们还可以在短时间内把注意集中于一种并非十分吸引他们的活动上
5~6 岁	有意注意迅速发展	在正确的教育和适宜的条件下，幼儿注意的时间可延长到 10~15 分钟，并且可以按照成人的要求组织自己的注意

二、论一论幼儿的注意品质

注意品质包括注意的广度、注意的稳定性、注意的分配和注意的转移等。幼儿的注意品质表现如何呢?

（一）注意的广度小

注意的广度又称注意的范围，是个体在同一时间内，能清晰把握和察觉到注意对象的数量。知觉的对象越多，注意的范围越广；知觉的对象越少，注意的范围越窄。一般来说，在简单的任务下，个体的注意广度是 7±2 个项目。“一目十行”“眼观六路，耳听八方”就是指注意广度。

在实际生活中，个体注意的广度不是固定不变的，主要影响因素有两个方面。

一个是与知觉对象的特点有关。一般来说，注意对象的分布越集中，排列越整齐、越规律，就越能成为相互联系的整体，个体注意的广度就越大。例如，个体对颜色相同的字母比对颜色不同的字母的注意广度要大，对排列整齐的字母比对杂乱无章的字母注意的数目要多，对组成单词的字母比对孤立的字母注意的范围要大。

二个是与知觉活动的任务和知识经验有关。同样的知觉对象，知觉活动的任务越复杂，注意的广度就越窄；知觉活动的任务越简单，注意的广度就越广；个体的知识经验越丰富，注意广度就越大；个体的知识经验越贫乏，注意广度就越小。例如，用电子屏幕快速显示一定数量不同颜色的英语字母，当要求测试者同时辨认字母数量和颜色时，他们所能注意到的字母数量比只辨认字母数量时要少得多，这是因为知觉活动任务的复杂程度影响了注意的广度。如果用电子屏幕快速显示一些英文句子，精通英语的人就会比不懂英语的人注意广度要大，这是因为丰富的知识经验提高了注意的广度。

（二）注意的稳定性差

注意的稳定性也称注意的持久性，是指个体的注意力保持在某一刺激或某一活动上的时间长短。持续的时间越长注意的稳定性就越高。与注意稳定性相反的状态是注意的分散。注意的分散是指注意离开了当前任务而被无关刺激所吸引了。

注意的稳定性对幼儿较好地完成活动具有非常重要的意义。如幼儿在听故事、玩游戏、学习新知识和技能的活动中都需要稳定的注意。现实中，幼儿由于对什么都感兴趣，看到什么都想研究下，所以注意力很容易分散，稳定性差。例如，幼儿的注意很容易被一些动态、形象鲜明、生动、新奇的事物所吸引。

（三）注意的分配能力差

注意的分配是指个体的心理活动同时指向不同的对象，即通常所说的“一心二用”。如一边弹琴一边唱歌、一边跳绳一边数数等。个体注意的分配能力发生较早，但是发展非常缓慢。注意分配本身受同时进行的几项活动的复杂程度、它们相互之间的联系性及个体对这几项活动的熟练程度的影响。比如，圆圆在专心玩玩具，其他小朋友跟他说话他总是不搭理；再如，在六一活动排练歌舞节目中，老师会先教会儿歌，再教会动作，然后合在一起训练。这是因为在幼儿阶段，小朋友们注意的分配能力还不足，很难做到“一心二用”。

（四）注意的转移能力差

注意的转移是个体根据新的活动任务，主动、及时地把注意从一个对象或活动转移到另一个对象或活动上。注意转移的速度与个人的兴趣、原注意的紧张程度、新注意对象的吸引程度、前后活动的关系和已有的习惯等有关。幼儿注意的转移能力较差，在开始新活动的初期，很可能继续沉浸在上一个活动中，这时需要老师的积极正面引导和培养。幼儿随着个体年龄的增长，其注意转移的能力也逐渐发展。

拓展阅读

注意转移和注意分散是两个截然不同的概念。虽然两者都需要转移注意的对象，但是注意分散是注意受无关刺激或活动单调等的影响，使注意无意识地离开了需要注意的对象。例如，学生正在写作业，写完后，他开始看电视，这是注意转移；学生正在写作业，但是还没写完他就不时地看电视，这是注意分散。

——整理节选《幼儿心理学》，秦敏、彭本峰

总之，在教育的影响下，幼儿的注意品质随着年龄的增长而不断发展，注意的广度不断扩大，注意的稳定性、注意的分配能力及注意的转移能力都会不断增强。

三、找一找幼儿注意分散的原因

幼儿的注意品质较弱，在日常活动中很容易出现注意分散的情况。我们一起找找原因吧。

课堂小活动

请学生代表模仿小班幼儿在一日活动中出现的注意分散现象，大家一起观察，逐步分析。

原来引起幼儿注意分散的原因有很多，主要有以下几点。

（一）幼儿容易疲劳

幼儿的神经系统机能还未得到充分的发展，神经系统的承受能力比较差，如果长时间处于紧张状态，或者长时间参加某个单一的活动，就很容易引起幼儿的神经疲劳。幼儿神经疲劳以后，接着就会出现“保护性抑制”，再下来就容易出现注意分散了。此外，如果幼儿睡眠时间不足，也容易引起幼儿疲劳，导致注意分散。例如，某幼儿园中班开展了一次“我是小小播音员”的活动。活动开始了，所有的幼儿都兴致勃勃。“播音员”认真播报，“评委”们仔细倾听。20分钟过去了，还有好几位“播音员”没有播报，但“评委”们却有些心不在焉了，其他幼儿也开始东张西望、坐立不安了。这就是因为活动时间过长，且活动形式单一，幼儿容易疲劳，出现心不在焉的现象，也是正常现象。

（二）无关刺激干扰

3~6岁的幼儿无意注意占优势，且注意的稳定性较差，容易受到外界新鲜、多变、刺激事物的影响，从而出现注意分散的现象。例如，我们教学氛围过于热闹、活动空间过于繁杂、教具使用过于繁多等，这都会干扰幼儿，使幼儿注意分散。

（三）注意不善转移

当幼儿处于3~6岁时，他们转移注意的能力较差，还没有得到充分的发展，更不善于转移注意。因此，他们不能按照活动的需要及时、主动地调动自己的注意，转移到新的活动上来。例如，当幼儿在听了一个很有趣的故事后，可能会长时间受到这个故事情节的影响，注意难以转移到老师组织的新活动中，这就是注意不善转移造成的注意分散的情况。

（四）组织不够精良

如果教学活动组织不精良，如内容、方法、形式的选取不符合所在班级幼儿发展的特点，也会引起幼儿的注意分散。如教学、游戏等内容过难，幼儿会因缺乏理解基础，学习困难，容易抗拒而分散注意；内容过于简单，幼儿会因为其缺乏新意而分散注意。此外，呆板的教学方法、一成不变的教学形式、无参与感的教学过程，都会使幼儿的注意分散。

任务3 梳理培养幼儿注意力发展的方法

案例导入

上课时，老师带着小朋友一起学习识字，小朋友们聚精会神地在听老师讲课。这时外面突然下起了倾盆大雨，小朋友们都不由自主地将注意力转向窗外，于是老师巧妙地改变教学计划，讲起雨的识字及相关现象。

老师的这种做法就是巧妙地运用幼儿的无意注意开展教学活动，培养幼儿注意力的发展。

注意是心理活动的一种积极状态，对于幼儿来说，无论是游戏还是学习都需要注意的参与。在幼儿园中，教师要了解幼儿注意发展的特点及规律，梳理出培养幼儿注意力发展的方法，合理运用，组织各种活动，以帮助幼儿更好地发展。

一、熟悉减少幼儿注意分散的方法

（一）合理安排时间，严防疲劳

成人应制订科学的生活制度，合理安排幼儿的作息时间，保证幼儿充足的户外活动时间，保证幼儿拥有充足的休息时间，养成良好的规律性的生活习惯。在周末、节假日和寒暑假也尽量不要随意打乱幼儿的生物钟，合理安排时间，保证充分休息，严防疲劳。

（二）排除无关刺激，减少干扰

成人在组织活动时，要尽可能地为幼儿排除外界无关刺激的干扰，为幼儿保持心理稳定营造积极的外界环境。

例如，在活动空间布置上，教师可以让幼儿参与其中，提前适应新鲜的环境；在教学活动中，教学环境要安静，教具不宜过早呈现，教具的呈现不宜一次过多，使用完毕后应立即收纳好；教师的服饰应简洁大方，不宜有过多的装饰等。

（三）尽量投其所好，培养习惯

由于受到兴趣爱好和当时情绪状态的影响，幼儿通常对他们所喜爱的活动表现出长时间的注意。根据这个特点，成人组织活动时，尽量投其所好，组织幼儿喜爱的游戏活动，让幼儿融入其中，在游戏活动中培养幼儿注意的习惯，让幼儿养成“集中注意学习”“集中注意玩游戏”的好习惯。

（四）精心组织教学，提高质量

在教学活动过程中，教师可以根据幼儿的年龄特点，选择难度适宜的教学内容，采用丰富多样的教学形式，使用色彩鲜明、趣味性强的教具，运用形象生动、幽默的教学语言，极大地给予幼儿的动手、动脑的机会。多方面准备，精心组织教学，最大限度地激发幼儿的求知欲，培养幼儿的学习兴趣，提高活动质量，提高幼儿成长质量。

二、运用无意注意的规律组织活动

无意注意主要是在外界事物的刺激作用下不自觉地产生的，缺乏目的性，也不需要意志努力。在组织幼儿活动时，运用好这个规律非常必要。

（一）创设良好的活动环境

良好的活动环境是幼儿顺利开展活动的客观条件。从幼儿注意发展的特点来说，安静、整洁、舒适，没有无关刺激干扰的环境是幼儿理想的活动环境。即使条件再简陋，教师也要尽量为幼儿排除外界各种无关刺激的干扰。

（二）丰富幼儿的知识经验

幼儿的游戏活动是幼儿成长的主要途径之一，而这些活动只有与幼儿知识经验有联系，才能更好地激发幼儿的兴趣。因此，教师在组织活动时，既要了解幼儿已有的知识经验，还要注意新活动与幼儿已有经验之间的联系。在具体实施教育活动时，既要用探索活动与幼儿经验的联系点，引发幼儿的兴趣，让幼儿主动地参与到活动中去；还要注意在活动中不断丰富幼儿的知识经验，为后续活动注入新经验。

（三）运用多样的教学方法

常说教无定法，掌握教学方法的多样性和灵活性是幼儿教师的核心技能。幼儿教师灵活运用多种教学方法和多样化的教学手段，可以吸引幼儿的注意力，可以提高和保持幼儿大脑皮质的兴奋性，使幼儿的注意力更加集中。

拓展阅读

游戏是幼儿最感兴趣的活动。在组织活动时，教师可以用游戏的方式贯穿整个活动；教师的语音语调应做到抑扬顿挫，在关键的时候可以加强语气，而突然以低分贝说话也往往比吼叫更能引起幼儿的注意；在活动中，教师要关注幼儿的个别差异，并以穿插使用直观形象的教具、进行角色扮演、鼓励幼儿动手操作等方法，调动幼儿的活动积极性，保持幼儿注意的集中和稳定。

——整理节选《幼儿心理学》，秦敏、彭本峰

三、运用有意注意的规律组织活动

有意注意是一种最有效的注意。但在学前幼儿阶段，幼儿有意注意的水平较低，在教育活动中，要合理培养，正面引导，顺势发展。

（一）活动目标明确、任务清晰、兼顾过程、结果激励

幼儿有意注意的发展水平较低，一定要坚持在活动中培养。首先，开展活动前，教师要备好课，明确活动目标，给幼儿提出清晰、合理、适当的任务，让幼儿在明确了解活动的目的和任务后进行活动。其次，教师要兼顾活动的进行过程，对做得不够好的幼儿要及时正面引导，对有进步的幼儿要及时肯定和表扬，使幼儿能够不断积极、主动、自觉地保持注意。最后，在活动完成后，老师要给予阶段性评价，对幼儿活动的完成情况，给予点评或激励，为后续活动打下基础。

例如，在让幼儿观察小兔子前，教师要明确任务即让幼儿观察兔毛的颜色，耳朵、尾巴、鼻子等部位的形状等；在兼顾过程的同时，可适当提示注意小兔子的颜色有哪些？耳朵长不长？尾巴短不短？活动结束后，阶段性评价时要给予积极点评和正面激励。

（二）注意思维训练培养自制力

在组织活动时，教师要积极创设“问题情境”，调动幼儿视觉、听觉、嗅觉、触觉等多种感官参与活动，让幼儿在动手又动脑中，启发思维、训练思维。从而有意识地使幼儿感受到自己的行为是服从于活动的目的或任务的，让幼儿体验到自己能够控制自己的行为方式。

在活动过程中，教师要时刻关注幼儿，及时正面引导，顺势提出改良建议，如健康的生活习惯、合理的活动规则、良好的学习行为等，帮助幼儿自觉、主动地抵制干扰、克服困难，认真踏实、一丝不苟地完成活动任务，逐渐形成坚强的意志。这样有助于增强幼儿的自制力，促进幼儿有意注意的发展。

四、运用无意注意和有意注意相互交替的规律组织活动

幼儿阶段，虽然无意注意占优势，但教育活动中老师只运用无意注意，幼儿就无法真正进行有效的学习，因此老师还需要发展幼儿的有意注意。在开展教育活动时，教师要合理运用两种注意转换的规律，既要防止幼儿因有意注意引起的疲劳，也要防止幼儿无意注意带来的弱效。

例如，在组织“小蝌蚪找妈妈”的语言活动时，教师首先通过播放音频故事，要求幼儿认真地听故事是调动幼儿的有意注意；然后适时地出示动物的图片吸引幼儿，这是利用幼儿的无意注意；接着再创设问题情境，要求幼儿回答问题并按照故事的顺序依次拿出相应的动物图片，这是在维持幼儿有意注意。这个活动设计就是通过有意注意和无意注意的交互运用，以便保证教学活动取得良好的效果。

总之，在组织幼儿活动时，有节奏地交替使用无意注意和有意注意，可使幼儿在活动中快乐地、有目的地学习，确保活动顺利进行。

任务 4　练习培养幼儿注意力的发展

一、口述或抄写培养幼儿注意力发展的方法

二、设计一节训练幼儿注意力的游戏活动

范例	学生设计活动
游戏名称：《听我数一数》（大班） **游戏目的：**训练幼儿的注意力。 **游戏准备：**幼儿能够熟练进行 20 以内的数数。	**游戏名称：** **游戏目的：** **游戏准备：**
游戏方法：成人按顺序数数，中间漏掉几个数字，让幼儿说出漏掉的数字是哪几个。 **游戏规则：**在成人数数时，幼儿不可以插嘴，要等到全部数完以后才可以回答漏数的数字是哪几个	**游戏方法：** **游戏规则：**

三、试玩游戏活动

1. 合理分组，选举组长。
2. 组长扮演老师，组员扮演大班的幼儿。
3. 组内体验、观察、总结、分享。

四、分享训练体会

1. 班上分享训练体会。
2. 总结培养幼儿注意力发展的方法和注意事项。

拓展阅读

如何科学评估孩子的注意力问题

孩子的注意力问题主要有两种表现：注意力品质弱、多动冲动行为。

我们的爸爸妈妈在孩子注意力问题上很容易表现出两极分化的误区，我们在生活中评估孩子的注意力问题时需要一个系统完整的框架。

首先需要确定问题是不是注意力缺陷多动障碍（ADHD）？

1. 有 6 项或更多符合评估条目；

2. 符合条目持续至少 6 个月；

3. 符合条目存在于两个或更多场合（比如：在家里、学校都有）；

4. 符合条目跟孩子发育水平不相符（参考同龄小朋友）；

5. 已经影响了孩子的社会功能（影响学习、影响人际关系、导致不能适应环境）；

注意力缺陷多动障碍（ADHD）必须到医疗机构进行包括药物治疗、心理行为治疗、个体教育辅导、家庭教育培训等的综合干预，绝不是注意力训练或心理咨询可以解决的问题。

爸爸妈妈了解 ADHD 的判断标准是为了不误判、不漏判，及时提供帮助，不耽误孩子的学习和成长。

但同时，爸爸妈妈也无须太过焦虑，在中国，儿童注意力缺陷多动障碍的发病率是 6.4%，大部分孩子都不属于这个范围。对于非 ADHD，但注意力仍需要提升的孩子，我们也需要根据不同类型选择对应提升方案。比如：一个以多动冲动为主要表现的孩子，他不是注意力品质的问题，我们按照传统注意力训练内容来训练他的视知觉、听知觉，是起不到太大效果的，这样的孩子需要静心、情绪管理和行为纠正，同时家庭教育方式大概率也需要调整。

——整理节选《培养注意力的心理学》，帅澜

思维导图

- 探究幼儿注意力的发展
  - 体验幼儿注意力的发展
    - 注意的概念：对一定对象指向和集中，具有对信息进行选择的功能
    - 注意的特点：指向性、集中性
    - 注意的外部表现：适应性运动、无关运动停止、呼吸运动变化
    - 注意的内部联系：注意贯穿认识、情感、意志等任何一种心理活动
    - 注意的分类：无意注意、有意注意、有意后注意
  - 分析幼儿注意力的发展特点
    - 整体是无意注意占优势，有意注意逐渐发展
    - 注意品质不高：注意广度小、稳定性差、分配力差、转移力差
    - 注意易分散原因：幼儿容易疲劳、无关刺激干扰、注意力不善转移、组织不够精良
  - 梳理培养幼儿注意力发展的方法
    - 减少幼儿注意力分散：合理安排时间、排除无关刺激、尽量投其所好、精心组织教学
    - 运用无意注意规律组织活动：创设环境+丰富经验+灵活教学
    - 运用有意注意规律组织活动：目标明确、任务清晰、过程兼顾、培育自制力
    - 运用无意注意和有意注意交替组织活动
  - 练习培养幼儿注意力的发展
    - 口述培养幼儿注意力发展的方法
    - 会设计训练幼儿注意力的活动
    - 会玩、会分享、会总结、会运用

技能高考

一、单项选择题

(　　) 1. 当教室里一片喧哗时，教师突然放低声音或停止说话会引起幼儿的注意，这是________。

A. 刺激物的物理特性引起了幼儿的无意注意

B. 与幼儿的需要关系密切的刺激物，引起了幼儿的无意注意

C. 在成人的组织和引导下，引起了幼儿的有意注意

D. 利用活动引起幼儿的有意注意

(　　) 2.3~6 岁幼儿注意的特点是________。

A. 注意的稳定性好　　B. 无意注意占优势地位

C 有意后注意占优势地位　　D. 有意注意占优势地位

(　　) 3. 幼儿在 3~6 岁时，有意注意处于发展的________，其水平低，稳定性差。

A. 初级阶段　　B. 定向阶段　　C 中级阶段　　D. 探究阶段

(　　) 4.3~6 岁幼儿的有意注意已________。

A. 充分发展　　B. 开始发展，很快趋于成熟

C. 开始发展，但远远未能充分发展　　D. 开始发展，但远不成熟

(　　) 5. 在音乐课上，为了发展幼儿的有意注意，最恰当的做法是________。

A. 以形象的表演吸引幼儿的注意　　B. 利用多种形象的教具

C. 让幼儿做游戏　　D. 更多地让幼儿欣赏优美的音乐

(　　) 6. 一般情况下，人的注意广度是________个项目。

A.7 ± 2　　B.4~6　　C.5~7　　D.5 ± 2

(　　) 7.3 岁幼儿和 4 岁幼儿一般能集中注意的时间分别约________。

A.5 分钟　5 分钟　　B.5 分钟　10 分钟

C.10 分钟　15 分钟　　D.15 分钟　20 分钟

(　　) 8. 文文和果果一起看书，外面有人玩耍，文文就去看热闹了，果果继续看书，以下针对注意说法正确的是________。

A. 果果的注意属于有意注意　　B. 文文的注意属于有意注意

C. 果果的注意属于无意注意　　D. 文文的注意属于随意后注意

(　　) 9. 幼儿在绘画时常常“顾此失彼”，这说明幼儿注意的________较差。

A. 稳定性　　B. 广度　　C. 分配能力　　D. 范围

(　　) 10.5~6 岁的幼儿能参加较复杂的集体游戏和活动，这说明幼儿注意的________。

A. 稳定性较好　　B. 分配能力较强　　C. 范围较大　　D. 选择性较强

二、判断题（正确的打“√”，错误的打“×”）

(　　) 1. 在幼儿期，有意注意占主导地位。

(　　) 2. 多动症儿童表现为活动过少。

(　　) 3. 5 岁幼儿看电视的时间每次不能超过 30 分钟。

(　　) 4. 在语言活动中，某幼儿认真、完整地听完了教师讲的故事。这说明该幼儿具有良好的注意选择性。

(　　) 5.6 岁幼儿一般只能集中注意约 10 分钟。

(　　) 6. 教师一边弹琴，一边要注意班上的幼儿，这指的是注意的分配品质。

(　　) 7. 在同一时间里能把握的对象数量，指的是注意分配品质。

(　　) 8. 注意是一种心理活动的状态。

(　　) 9. 幼儿正在专心听故事，门突然被打开吸引了幼儿的目光，这是注意的转移。

(　　) 10. 在简单任务下，注意的广度是 7+2 个项目。

三、案例分析

陈老师指导幼儿排练舞蹈节目，进行得非常不顺，无论她怎么提示，幼儿在跳舞时常常是做对了动作就忘记了表情，或者是保持了队形就做错了动作。为什么会这样呢？请你帮忙陈老师出出主意，以便提高排练效率。

参考文献

[1] 秦敏，彭本峰 . 幼儿心理学 [M] . 南京：南京师范大学出版社，2018.

[2] 张丹枫，史献平 . 幼儿心理学 [M] . 北京：高等教育出版社，2014.

[3] 王振宇 . 幼儿心理学 [M] . 北京：人民教育出版社，2009.

活动 4　探究幼儿记忆力的发展

活动导读

个体对知识经验的掌握离不开记忆的发展，如果没有了记忆力，个体便无法正常学习生活，也无法系统掌握科学知识、获取日常经验。由于幼儿认知水平的限制，其记忆的发展还处在比较初级的阶段，但记忆对幼儿生活、学习的重要性不言而喻，因此我们要充分理解幼儿记忆的概念，掌握幼儿记忆的发展特点以及培养幼儿记忆力发展的方法，运用幼儿记忆发展理论提高幼儿的记忆效果，促进幼儿记忆力的发展。

学习目标

1. 理解幼儿记忆的概念。
2. 掌握幼儿记忆的发展特点。
3. 掌握培养幼儿记忆力发展的方法。
4. 运用幼儿记忆发展理论提高幼儿记忆效果。

内容结构

学前构建	学后归纳
探究幼儿记忆力的发展 — 体验幼儿记忆力的发展 — 分析幼儿记忆力的发展特点 — 梳理培养幼儿记忆力发展的方法 — 练习培养幼儿记忆力的发展	

任务 1 体验幼儿记忆力的发展

案例导入

3 岁的圆圆放学后，吵着要妈妈带她去买幼儿园吃过的点心，可当妈妈问她吃的点心叫什么的时候，她却怎么也说不出来名称，只是告诉妈妈说："点心是圆形的，吃起来甜甜的，又有点酸酸的，像橘子的味道。"妈妈只能带着圆圆去了超市让她自己挑选，在货架上，圆圆一眼认出了自己吃过的那个点心，高兴地指着说："妈妈，我找到了！就是那个！"

案例中，圆圆能从外形、味道等方面在超市的货架上一眼认出这个点心，这就是幼儿期的记忆。幼儿记忆还有哪些相关知识呢？我们一起深入体验、探究。

一、说一说记忆的概念

记忆是指一个人对自身经验的信息保存、加工和提取的心理过程。其中自身经验是指个体感知过的事物，体验过的情绪，从事过的活动，获取过的动作经验，思考过的某些问题等。这些经验会以一定的形式保存在人脑中，会在人脑中留下不同程度的印象，随着保存时间的推移，这些经验也会在人脑中发生某些改变，即人脑对其会有一个加工的过程，当个体需要时，这些经验又可以从大脑中提取出来，这个过程就是记忆。

记忆和感知觉同属于认知过程，都是人脑对客观现实的反映。但两者又有很大的区别，感知觉是个体对当前直接作用于感觉器官的事物的认识，相当于信息的输入，而记忆是对信息的编码、存储和提取过程。记忆作为一种基本的心理过程，是和其他心理活动密切相关的。在感知觉中，人的过去经验有重要的作用，没有记忆的参与，人就不能分辨和确认周围的事物；在解决复杂问题时，由记忆提供的知识经验起着更大的作用。同时记忆是一种积极、能动的活动，只有那些对个体生活具有积极意义的事物，个体才会有意识地进行记忆。

二、看一看记忆的过程

记忆是一个复杂的心理过程，包括识记、保持和回忆三个基本环节。

（一）识记

识记是记忆过程的初始阶段，是指识别并记住事物，从而积累知识经验的过程。根据不同的分类标准，可以将识记进行不同的分类，具体见表 4-1-1。

表 4-1-1　识记的分类

分类标准	识记类型	概念	举例
有无目的性、是否需要意志努力	无意识记	没有自觉的目的和任务，也不需要任何识记方法和意志努力的一种识记	幼儿在看动画片时无意中就能记住动画片里的人物形象，对于听过的儿歌也能无意中记住
	有意识记	有预定的识记目的和任务，并运用一些有效方法或意志努力的识记	对学习过的知识、技能等的识记
对识记材料的理解程度不同	机械识记	对识记的内容没有理解，只是根据识记材料的外在的特点，采取简单重复的方法进行的识记	对电话号码、门牌号、历史年份、人名地名的识记
	意义识记	根据识记材料本身所具有的内在特点，通过理解而进行的识记	在理解了古诗所表达的意思后，再进行的识记

（二）保持

保持是记忆过程的中心环节，是对信息的编码和存储过程，即对已获得的知识经验进行巩固的过程。保持是识记的结果，也是实现回忆的重要保证。信息在人脑中的保持会有量和质的变化。一般而言，保持在人脑中的信息的数量会随着时间的推移而逐渐减少；同时个体也会根据自己的理解对保持在脑中的信息进行加工，从而使得信息的内容发生本质的改变。

例如，幼儿在学会《我爱我的幼儿园》这个舞蹈之后，一开始还可以熟练地跳出来，而之后如果没有复习的过程，可能就会逐渐忘记舞蹈动作。

在“传话游戏”中，一般情况下，最终传话的内容会与最初的内容有较大差异，这是因为每个人在传话的过程中会根据自己的理解对内容进行加工，从而导致这种差异的出现。

在保持的过程中，同时会出现遗忘这一现象，遗忘与保持是相反的过程，是记忆过程中不可或缺的一部分。遗忘是指对识记过的材料不能再认或再现，或者是错误地再认或再现，是一种必然的、正常的心理现象，适当的遗忘可以提高记忆的效率。如对痛苦经历的遗忘就可以保障个体健康的心理状态。德国心理学家艾宾浩斯通过对无意义音节保持量的研究，绘制了著名的艾宾浩斯遗忘曲线（见图 4-1-1），由此得出遗忘是有规律的，遗忘的进程是先快后慢的，在识记后的短时间内遗忘的速度特别快，之后遗忘的速度会逐渐减缓。根据遗忘的规律，我们可以得出要想减少遗忘，应该合理安排复习，在学习完后立即复习的效果是最好的，同时也要注意复习的方式方法，合理安排时间。

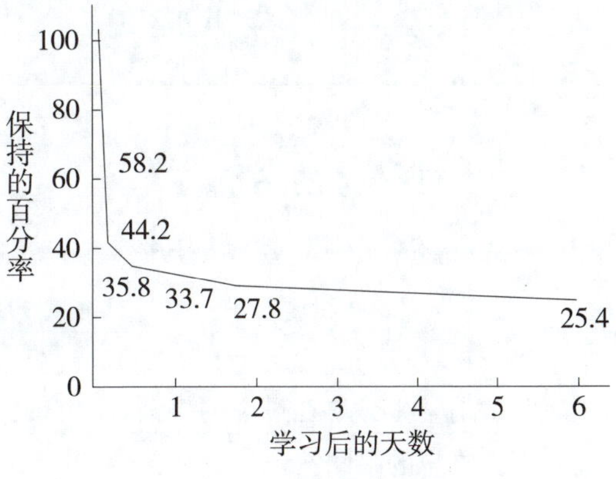

图 4-1-1　艾宾浩斯遗忘曲线

（三）回忆

回忆是记忆过程的最后阶段，是对信息的提取过程，包括两种水平：再认和再现。再认是指过去经历过的事物重新出现在眼前时，能够识别和辨认；再现是指过去经历过的事物不在眼前时，能将其在头脑中重新呈现出来。一般来说，能再认的不一定能再现，能再现的则一定能再认。

例如，在大街上遇到自己的老同学能够把他认出来，这是再认；而在某次聊天时，想起了该老同学的音容笑貌，则是再现。

拓展阅读

艾宾浩斯遗忘曲线

艾宾浩斯在1885年发表了著名的著作《记忆》，使他成了第一位对记忆这种高级心理过程进行科学定量研究的心理学家。在研究中，为了避免由过去经验产生的意义联想对记忆保持量的测定造成干扰，他采用了无意义音节作记忆材料。这种材料是由中间一个元音，两边各一个辅音构成的音节，如XIQ、ZEH和GUB等。他以自己作为被试，采用机械重复的记忆方法对词表进行系列学习，当达到刚能一次成诵的程度时便停止。然后间隔一段时间后再测量自己还能记得多少。在记忆保持量的测量方面，艾宾浩斯采用了节省法，又叫重学法，即学习材料到恰能成诵时，间隔一段时间再重新进行学习，达到同样能背诵的程度，然后比较两次学习所用的时间和诵读次数，就可以得出一个绝对节省值，例如，学习30个无意义音节，第一次学习所需时间为5分钟，第二次重新学习所需时间为3分钟，这样第二次学习所需的时间比第一次节省了2分钟。节省的百分数可以用下列公式计算：

节省的百分数 =（初学所用时间 − 重学时间）/ 初学所用时间 ×100%

$=(5-3)/5\times100\%=40\%$

第二次学习比第一次学习节省了40%，这说明了学习的效果。艾宾浩斯对记忆的研究是一种首创性的工作，他使记忆这种比较复杂的心理现象得到了数量化的研究。另外，为了避免在间隔时间内对学过的材料进行回忆，他还在间隔时间内为自己安排了其他材料的学习任务。利用这种研究方法，艾宾浩斯检验了在不同时间间隔内遗忘量的变化趋势。

——整理节选《普通心理学》，彭聃龄

三、理一理记忆的分类

课堂小活动

请学生分享在过去的生活中，自己印象深刻的事情有哪些？在学校学习时，又有哪些令人难忘的瞬间？

根据记忆的内容，可以将记忆分为运动记忆、情绪记忆、形象记忆和语义记忆；根据信息加工方式和存储内容的不同，可以将记忆分为陈述性记忆和程序性记忆；根据信息保持时间的长短，可以将记忆分为瞬时记忆、短时记忆和长时记忆（见表 4–1–2）。

表 4–1–2 记忆的分类

分类标准	类型	概念	举例
根据记忆的内容	运动记忆	以做过的运动或者动作为内容的记忆	对游泳、舞蹈、骑车、做操等动作的记忆
	情绪记忆	以体验过的情绪、情感为内容的记忆	“一朝被蛇咬，十年怕井绳”；幼儿回忆自己第一次得到大红花的奖励时的开心、激动
	形象记忆	以感知过的事物的形象为内容的记忆	对物体的外在特点，如颜色、大小、形状等的记忆；对人的音容笑貌的记忆；对自然景观的记忆
	语义记忆	以语词概括的对事物的关系以及事物本身的意义和性质为内容的记忆，又称语词逻辑记忆	对概念、公式、定律等的记忆
根据信息加工方式和存储内容的不同	陈述性记忆	对有关事实和事件的记忆，可以通过语言传授一次性获得，它的提取往往需要意识的参与	在课堂上学习的各种课本知识和日常的生活常识
	程序性记忆	指如何做事情的记忆，包括对知识技能、认知技能和运动技能的记忆。这类记忆往往需要通过多次尝试才能逐渐获得，在利用这类记忆时往往不需要意识的参与	学会了跳舞、唱歌等技能后，听到音乐就能随之起舞
根据信息保持时间的长短	瞬时记忆	当客观刺激物停止作用后，感觉信息在一个极短的时间内保存下来，又称感觉记忆或者感觉登记。这种记忆的容量相对较大，但保持时间很短，只有 0.25~2 秒	不经意中看到的广告牌、路过的建筑物、听到的聊天内容
	短时记忆	指获得的信息在头脑中储存的时间不超过 1 分钟的记忆。这种记忆的容量很小，一般为 7 ± 2 个单位	同声传译员一边听声音，一边记录内容；学生上课一边听讲，一边做笔记
	长时记忆	指获得的信息在头脑中储存的时间超过 1 分钟甚至保持终生的记忆。这种记忆的容量很大，甚至无法划定界限	对过去发生的重大事件的记忆，对自己个人信息的记忆

精华提炼

拓展阅读

瞬时记忆、短时记忆和长时记忆既有区别，又有联系。区别在于：瞬时记忆的容量较大，形象鲜明，信息原始，以图像记忆和声像记忆的编码为主；短时记忆容量有限，意识清晰，操作性强，易受干扰，以听觉编码和视觉编码为主；长时记忆容量无限，保存时间长久，以语义编码和表象编码为主。联系在于：对瞬时记忆加以关注便可以成为短时记忆，而短时记忆又可以通过复述和编码转入长时记忆，同时任何信息都必须经过瞬时记忆的登记和短时记忆的加工才可能进入长时记忆。

——整理节选《幼儿心理学》，王振宇

任务 2　分析幼儿记忆力的发展特点

案例导入

团团 4 岁了，有一天放学回家，妈妈问团团今天在幼儿园做了什么，团团滔滔不绝地跟妈妈分享着幼儿园发生的趣事，当聊到他的好朋友时，妈妈便询问他好朋友的名字，可团团却怎么也想不起来，妈妈很是疑惑，为什么团团记得在幼儿园发生的事情，却不记得自己好朋友的名字呢？

团团的表现是极其正常的，幼儿的记忆有其独特的发展特点，对于生动、形象的事件幼儿的记忆效果较好，而对于姓名的记忆则不如对具体形象的记忆，会存在一定的困难。

一、析一析幼儿记忆的发展特点

在幼儿记忆发展过程中，有一种特殊的现象称为“幼年健忘”，也叫“婴儿期记忆缺失”。幼年健忘是指 3 岁前幼儿的记忆一般不能永久保持的现象。因此，大多数人都不记得自己 3~4 岁以前发生的事情，而之后发生的则有可能保持终生。与幼年健忘相对应的另一现象是自传体记忆，自传体记忆的开始，标志着幼年健忘阶段的结束。幼儿记忆的发展与语言的发展密切联系，随着年龄的增长，幼儿的记忆也在不断发展，具体有以下表现。

（一）无意识记占优势，有意识记逐渐发展

无意识记是幼儿的主要记忆形式，在整个幼儿期，无意识记始终占据主导地位。随着幼儿年龄的增长，认知范围不断扩大，理解能力不断提高，无意识记的效果也会逐渐提高。引起幼儿无意识记的因素是多个方面的，既与识记材料的性质相关，又与幼儿自身的智力水平和活动方式等相关，其中，幼儿的情绪状态是影响无意识记的关键因素。如果识记材料是鲜明的、生动的、幼儿感兴趣的，则更容易引起幼儿的无意识记。

例如，幼儿对朗朗上口的儿歌、生动有趣的故事、简短形象的广告词等往往比较容易记住，但对于枯燥无聊的古诗的识记则比较困难。

幼儿有意识记的发展是幼儿记忆发展中最重要的质的飞跃，幼儿有意识记并不是自发产生的，而是通过日常生活，在教育中逐渐发生、发展的。而且一般来说，幼儿的有意识记一般是比较被动的，有意识记的效果依赖于幼儿对任务的认知程度以及活动的动机水平，往往是为了满足自己的需要才进行的有意识记。

例如，在幼儿园教育活动，如果教师在活动前提出明确的活动任务，并且以小红花、贴画等为活动奖励，幼儿活动的积极性则会更高，有意识记的效果也会更好。

幼儿期无意识记和有意识记都在发展，不同的年龄阶段，两种记忆的效果也不相同，通常幼儿无意识记的效果好于有意识记，但如果识记材料的难度越大，两种记忆的效果差别就越小。

（二）机械识记用得多，意义识记效果好

由于幼儿的生活经验不足，对事物的理解往往停留于表面，并不能深刻认识到事物之间的内在的、本质的特征，因此与成人相比，幼儿较多地使用机械识记。尤其是对于幼儿不理解的材料，一般幼儿只会采用死记硬背的方式来进行。但是对于幼儿熟悉的、有一定理解的材料，幼儿一般采用意义识记来进行，而且往往意义识记的效果要好于机械识记。对事物的理解越深刻，记忆效果往往更好。

在整个幼儿期，幼儿的机械识记和意义识记都在不断发展，其效果都会随着年龄的增长而提高。而且随着年龄的增长，幼儿的意义识记逐渐向机械识记渗透，机械识记中加入了越来越多的理解成分，从而提高了机械识记的效果，缩小了两种记忆之间的差距。

例如，章老师在给幼儿讲《小兔子乖乖》的故事时，不仅运用了生动形象的语言来讲述，还时不时采用丰富的肢体动作来加深幼儿的理解，并制作了三只小兔子、兔妈妈和大灰狼的挂图，在故事讲完后，几乎全班小朋友都能大致复述故事的内容。

（三）形象记忆占优势，语义记忆逐渐发展

由于幼儿认知发展水平不足，思维和言语仍处于发展的初级阶段，所以在幼儿期幼儿主要是以形象记忆为主，对于生动形象的、熟悉的事物，幼儿更容易记忆。随着幼儿年龄的增长，形象记忆和语义记忆的记忆效果会不断提高，语义记忆的发展速度也会逐渐超过形象记忆。同时，伴随着幼儿思维和言语发展水平不断提高，两种记忆之间的差距会不断缩小，语词和物体的形象之间的联系越来越密切，一方面幼儿能叫出物体的名称，同时物体也是以具体形象为基础的。

例如，幼儿在认识颜色的过程中，一般是先认识颜色，后掌握颜色的名称，到 4 岁左右，幼儿便能将基本颜色与其名称联系起来；幼儿在学习认识数字时，如果将数字化为与数字相似的具体形象，如“1”像铅笔，“2”像小鸭，“3”像耳朵，“4”像小红旗，对于幼儿而言则更容易记住。

（四）再认能力强，回忆能力弱

婴儿记忆的发展主要表现在再认能力的提高，但总体来说婴儿的再认是初步的、粗略的，同时婴儿也有一定的回忆能力。有两类研究结果证明婴儿具有回忆的能力：一是有关延迟模仿的研究，二是关于客体永久性的研究。

幼儿已经具有较强的再认能力，而且再认能力比回忆能力强。幼儿的回忆能力受活动性质的影响，在目标明确的活动中，回忆的效果明显提高。许多研究表明，幼儿对处于开始部位和结尾部位的信息再现效果要明显好于中间部位，这种现象称为首因效应和近因效应。

例如，给两组幼儿看同一组图片，然后要求一组幼儿回忆刚刚看过哪些图片，另一组幼儿在所给的一堆图片中找出刚刚看过的图片，比较两组的记忆效果，明显可以发现后者更好。如果在看图片之前提出明确的记忆任务，幼儿的记忆效果还会有所提高。

（五）记得快，忘得快，记忆不精确

幼儿对于自己感兴趣的，尤其是带有强烈情绪色彩的事情能够很快记住，但是幼儿记住之后忘得也很快，甚至会出现记忆混淆现象，回忆的内容容易受自己的主观意识以及成人的影响，容易歪曲事实，记忆也不够完整。

二、论一论幼儿记忆的发展趋势

（一）记忆保持的时间逐渐延长

记忆保持的时间是指从识记到能够回忆之间的时间。幼儿短时记忆的出现要先于长时记忆，随着幼儿年龄的增长，记忆保持的时间也会逐渐延长。研究表明，1 岁左右的婴儿可以再认几天前识记的材料，而到了 3 岁左右时，可以再认几个月前、再现几个星期前识记的材料，6 岁时再认和再现的时间则可以达到几年之久。记忆保持的时间受记忆材料、幼儿的知识经验、情绪状态、兴趣等的影响，如果记忆材料是幼儿比较熟悉的、感兴趣的、能引起强烈情绪反应的，保持的时间就会更久。

（二）记忆的容量逐渐增加

记忆容量又称记忆广度，是指在单位时间内能够记忆的材料的数量。随着幼儿动作的发展，与外界交往范围的不断扩大，活动的日益多样化，幼儿记忆材料的种类不断增多，内容也越来越丰富。

（三）记忆的内容逐渐发生变化

幼儿最早出现的是运动记忆，在个体出生后 2 周左右出现；其次是情绪记忆，在 6 个月左右出现；再次是形象记忆，在 6~12 个月时出现；最晚出现的是语义记忆，在 1 岁左右出现。这几种记忆的发展，不是用一种记忆内容简单地代替另一种记忆内容，而是一个相当复杂、相互作用的过程。

（四）记忆的意识性逐渐增强

3 岁前的幼儿基本是无意识记，没有明确的记忆目的和意图；在 3 岁左右，有意识记开始出现，幼儿开始能在成人的教育下有意地去记住某些事物。

（五）记忆策略逐渐形成

记忆策略是指个体为了有效地记忆而采用的方法或手段。5 岁之前，幼儿基本上没有记忆策略；在 5~9 岁时，能够自己不太主动地运用记忆策略，但可以在成人的指导下较好地运用记忆策略，其中 5~7 岁为过渡期；10 岁以后主动运用记忆策略的能力开始稳定发展。

5~6 岁幼儿能在成人的指导下运用的记忆策略主要有视觉复述策略、复述策略和特征定位策略。视觉复述策略是指眼睛不断盯着目标刺激，以加强自己的记忆；复述策略是指当幼儿掌握了口语后，经常会不断重复识记对象的名称，达到记忆的效果；特征定位策略是指幼儿会对识记对象附加上一个特定的“标签”以帮助记忆。

拓展阅读

视觉复述策略

视觉复述策略是幼儿经常使用的最简单的记忆策略，复述策略是最常用也是最有效的记忆策略。幼儿记忆策略的运用，与他们年龄的增长有关，也与成人对他们的指导有关，记忆策略的运用有一个发展过程，成人应当正确看待，及时引导和鼓励，以促进幼儿对各种记忆策略的灵活运用。

记忆恢复现象

记忆恢复现象是幼儿特殊的记忆现象，又称为记忆回涨，是指在识记后的某段时间内，对材料的回忆量比刚学习完的回忆量有所提高的现象。当幼儿识记某些材料后，如果要求他们马上背诵，其成绩不如过1~2天后的成绩好。当学习材料比较复杂时，记忆恢复现象就更加明显。所以教师在教授幼儿学习时，要关注此类现象，不可过分要求幼儿学完即会。

——整理节选《幼儿心理学》，王振宇

案例分析

朵朵上大班了，彭老师发现朵朵最近爱上了学英语和背古诗，还时不时用英语与老师进行简单的交流，偶尔也会在玩游戏时背一两首古诗，彭老师很好奇，朵朵是怎么记住这么多内容的，经过与朵朵的爸爸妈妈交流后才知道，朵朵的爸爸妈妈是这么做的：朵朵的妈妈会在朵朵在家玩玩具的时候给朵朵播放一些原版的英文儿歌和古诗，朵朵听多了以后，就会自己跟着哼了，遇到不会的地方还会向爸爸妈妈请教，长此以往，朵朵就会说些英语了，也能背很多古诗了。

幼儿的记忆以无意识记为主，朵朵在玩玩具的时候就会无意间记住所听过的英语和古诗，随着听的次数的增多，短时记忆也逐渐转化成了长时记忆，并能在生活中再现出来。

任务 3 梳理培养幼儿记忆力发展的方法

案例导入

中班的郑老师在教幼儿学习古诗《静夜思》时发现，虽然她运用了丰富的肢体语言以及相应的图片，但是幼儿掌握的情况并不一样，有的幼儿能完整地背完这首古诗，有的幼儿只能背诵一两句，有的幼儿甚至一句都不记得。

幼儿的表现是很正常的，由于幼儿的已有经验、认知水平、注意力集中状态等的不一致，幼儿对相同内容的古诗掌握情况便会有所差异，教师应针对幼儿的不同特点，采用相应的教学方式，以达到促进幼儿记忆效果的目的。对于已经熟练掌握的幼儿可以减少关注，或者让该部分幼儿充当小老师，带领还未掌握的幼儿一起继续学习；对于掌握得不够好的幼儿应该多加关注，及时复习，或者根据古诗内容采取舞蹈编排的方式来加深幼儿的印象。

一、影响幼儿记忆力的因素

幼儿的记忆能力是先天的，记忆的发展为幼儿心理的正常发展提供了必要的条件。影响幼儿记忆发展的因素是多个方面的，主要有以下几点。

（一）幼儿的生活环境

不同的生活环境对幼儿的记忆发展水平会产生一定的影响，这里的生活环境包括物质环境和社会环境。

例如，家庭氛围不和谐，生活条件艰辛的幼儿比起家庭氛围和谐，营养均衡的幼儿，其记忆发展的水平往往较低。

（二）识记材料的特点

识记材料如果是生动有趣的，符合幼儿认知特点的，是幼儿感兴趣的，则更容易被幼儿记住。通常，识记材料之间关联越大，幼儿识记的效果也越好。此外，识记材料的难度、数量、位置等也会影响幼儿的记忆效果。

例如，识记儿歌和复述童话故事与学习科学文化知识或者动作技能比起来，幼儿对前者的记忆水平往往较高。

（三）幼儿的主观状态

在幼儿处于积极情绪时，幼儿的记忆水平往往较高；处于消极情绪时则相反。与幼儿已有经验有密切联系的事物更有利于幼儿的记忆。幼儿的动机水平也是决定幼儿记忆效果的重要因素之一，一般而言，在记忆活动中，动机水平越高记忆的效果越好。

二、培养幼儿记忆力的方法

记忆是活动进行的重要保障，是经验积累或心理发展的前提。如果没有记忆，幼儿就无法学习，不能产生表象、想象和思维，也就无法积累日常生活经验，发展其情绪情感以及社会性。因此作为成人，必须重视对幼儿记忆的培养，科学、正确的培养能有效促进幼儿记忆能力的发展。

（一）明确记忆的任务

幼儿的记忆是以无意识记为主，有意识记还在发展当中，因此幼儿记忆的有意性、目的性相对而言较差，处于比较被动的状态。同时幼儿在记忆过程中，容易出现“偶发记忆”的现象，这种现象是指当要求幼儿记住某个事物时，幼儿记住的却往往是与这个事物同时出现的其他事物。所以，教师在日常教学活动中应提前做好计划安排，告知幼儿具体的记忆任务，激发幼儿记忆的主动性和有意性，促进幼儿有意识记的发展。

例如，胡老师在教幼儿认识形状时，告诉幼儿认识完形状后，会带幼儿去户外寻找不同形状的东西，看看哪个小朋友找到的东西更多，以此来加强幼儿记忆的目的性。

（二）激发幼儿的兴趣

幼儿的记忆效果与兴趣密切联系，如果记忆材料是幼儿感兴趣的事物，记忆的效果会更好，反之记忆的效果则会变得一般。教师在日常教学活动中，要注意教学方式的多样性、趣味性、直观性，恰当地运用实物、标本、模型、图画等直观教具进行教学，激发幼儿活动的积极性。游戏是幼儿最喜欢的活动之一，教师要有效利用不同的游戏方式，充分调动幼儿的多种感官，使幼儿在游戏中学习，在游戏中加深记忆。

例如，陈老师在讲《小红帽》的故事时，她带来一顶红色的帽子和一条毛茸茸的灰色玩偶尾巴到教室。在讲述故事的过程中，让一个小朋友带上小红帽扮演故事的主人公，另一个小朋友则系上灰色的尾巴扮演大灰狼，边讲故事，边表演。陈老师发现小朋友们听得特别认真，都沉浸在故事中。

（三）丰富幼儿的经验

幼儿的生活经验越多，对事物的认识也会越深刻，记忆的内容也就越丰富。教师在日常教学活动中应多让幼儿接触新鲜的事物，对待幼儿提出的问题应该耐心回答，并引导幼儿主动思考问题。

例如，李老师在教会幼儿认识各种节日时，会结合具体的日期来描述，并配上相应的手势舞，让幼儿观看节日相关的图片，在端午节的时候会让幼儿动手制作小粽子，在中秋节的时候会让幼儿设计画出自己心中的月饼，以此来加深幼儿对节日的理解和记忆。

（四）教授记忆的方法

幼儿认知水平较低，理解能力有限，教师要想提高幼儿的记忆效果就需要教授幼儿科学的、简单的、有效的记忆方法，指导幼儿学会正确运用各种记忆策略。在教授幼儿记忆方法时，教师应充分考虑幼儿的心理发展特点，要与幼儿的发展特点相匹配，如果难度过大或过于复杂，很容易引起幼儿的反感，让幼儿失去耐心和信心。

例如，陈老师在教幼儿学习生活技能——叠衣服时，还配上了歌谣“小衣服，放放好，双手抱一抱；低低头，弯弯腰，衣服叠好了”。

课堂小活动

请学生分小组讨论在学习与生活中，什么时候需要运用到记忆？如果想要加强记忆、减少遗忘，可以采取哪些措施？

任务 4　练习培养幼儿记忆力的发展

一、口述或抄写培养幼儿记忆力发展的方法

二、设计一节训练幼儿记忆力的游戏活动

范例	学生设计活动
游戏名称：《厉害的小眼睛》（小班） **游戏目的：**训练幼儿的记忆力。 **游戏准备：**幼儿认识游戏中所准备的物品。 **游戏方法：**把提前准备好的 5 个物品摆成一排，让幼儿注视 30 秒以后，用桌布再迅速盖起来，然后让幼儿按照刚才看到的顺序说出所看到的物品名称。 **游戏规则：**幼儿在游戏开始前需要戴上眼罩，不能偷看	**游戏名称：** **游戏目的：** **游戏准备：** **游戏方法：** **游戏规则：**

三、试玩游戏活动

1. 合理分组，选举组长。
2. 组长扮演老师，组员扮演小班的幼儿。
3. 组内体验、观察、总结、分享。

四、分享训练体会

1. 班上分享训练体会。
2. 总结培养幼儿记忆力发展的方法和注意事项。

思维导图

- **探究幼儿记忆力的发展**
  - 体验幼儿记忆力的发展
    - 记忆的概念：一个人对自身经验的信息保存、加工和提取的心理过程
    - 记忆的过程：识记、保持和回忆
    - 记忆的分类：记忆的内容、信息加工方式和存储内容、信息保持的时间
  - 分析幼儿记忆力的发展特点
    - 幼儿记忆的发展特点：以无意识记、机械识记、形象记忆为主，再认能力强，记得快、忘得快
    - 幼儿记忆的发展趋势：保持时间、容量、内容、意识性、记忆策略
  - 梳理培养幼儿记忆力发展的方法
    - 影响幼儿记忆力的因素：幼儿的生活环境、识记材料的特点、幼儿的主观状态
    - 培养幼儿记忆力的方法：明确记忆的任务、激发幼儿的兴趣、丰富幼儿的经验、教授记忆的方法
  - 练习培养幼儿记忆力的发展
    - 口述培养幼儿记忆力发展的方法
    - 设计训练幼儿记忆力的活动
    - 会玩、会分享、会总结、会运用

技能高考

一、单项选择题

( ) 1. 幼儿每天都会接触到无数的刺激，其中主要由通过感觉器官获得的、未经加工处理的原始信息而产生的记忆叫作________。

A. 瞬时记忆 B. 短时记忆 C. 长时记忆 D. 意义识记

( ) 2. 乐乐非常喜欢坦克玩具，每次提到坦克玩具时都会很兴奋，这属于________。

A. 形象记忆 B. 语义记忆 C. 运动记忆 D. 情绪记忆

( ) 3. 果果上幼儿园的第一天，对初次见面的李老师印象非常好，游戏活动时经常主动与李老师互动，这种现象称为________。

A. 近因效应 B. 首因效应 C. 幼年健忘 D. 记忆恢复

( ) 4. 以下有关幼儿记忆发展特点说法正确的是________。

A. 机械识记效果好 B. 形象记忆占优势 C. 有意识记占优势 D. 意义识记用得多

( ) 5. 从信息加工理论来看，输入、编码环节相当于记忆过程的________。

A. 识记 B. 保持 C. 再认和再现 D. 以上都不是

( ) 6. 在对材料进行理解的情况下，根据材料的内在联系，运用有关经验进行的识记是________。

A. 有意识记 B. 无意识记 C. 机械识记 D. 意义识记

( ) 7. ________的产生和发展，使幼儿成为信息的主动自觉的收集者、组织者和储存者。

A. 保持记忆 B. 无意识记 C. 有意识记 D. 形象记忆

( ) 8. 艾宾浩斯的遗忘曲线表明，遗忘的规律是________的。

A. 时快时慢 B. 先慢后快 C. 先快后慢 D. 逐渐递减

( ) 9. 以下不属于幼儿记忆发展趋势的是________。

A. 记忆保持的时间逐渐延长 B. 机械识记用得越来越多

C. 记忆容量逐渐增加 D. 记忆策略逐渐形成

( ) 10. 识记材料本身会影响幼儿的记忆效果，当识记材料之间________，则幼儿记忆水平________。

A. 相互关联；低 B. 相互关联；高 C. 差异较小；低 D. 差异较大；高

二、判断题（正确的打“√”，错误的打“×”）

( ) 1. 幼儿见到曾经的同学会马上想起他的名字，这种现象是回忆。

( ) 2. 短时记忆的信息通过注意转入长时记忆。

( ) 3. 及时复习，是与遗忘做斗争的唯一手段。

( ) 4. 从记忆发生发展的顺序看，幼儿最晚出现的记忆是语义记忆。

( ) 5. 大部分成人无法回忆起自己 3 岁之前的事情，这种现象被称为记忆恢复现象。

( ) 6. 对于陌生又复杂的材料，幼儿使用机械识记较多。

( ) 7. 从记忆容量来看，随着年龄的增长，幼儿的记忆容量会逐渐增加。

(　　) 8. 幼儿处于积极的情绪状态下，记忆的效果就能提高；而且，在情绪消极时也会加深记忆，提高记忆效果。

(　　) 9. 5 岁以前的幼儿基本上没有记忆策略。

(　　) 10. 幼儿的生活环境、识记材料的特点、幼儿的主观状态等都是影响幼儿记忆力的因素。

三、案例分析

圆圆的爷爷奶奶特别喜欢在家里的院子里种上各种各样的植物，圆圆在耳濡目染之下也认识了很多的植物。有一次圆圆跟妈妈去公园玩的时候，圆圆看到路边的花朵，兴奋地大喊：“妈妈，我认识这个花，它的名字叫作绣球花，还有旁边这个花叫月季。”妈妈用赞许的眼神看着圆圆，笑着说：“圆圆说得很对，真厉害呀！”

问题：根据材料分析，圆圆为什么会出现这种情况？

参考文献

［1］王振宇 . 幼儿心理学［M］. 北京：人民教育出版社，2012.

［2］刘军 . 学前儿童发展心理学［M］. 南京：南京师范大学出版社，2017.

［3］曹中平 . 学前心理学［M］. 长沙：湖南师范大学出版社，2019.

［4］彭聃龄 . 普通心理学［M］. 北京：北京师范大学出版社，2009.

活动 5　探究幼儿想象力的发展

活动导读

法国启蒙思想家狄德罗这样描述想象："没有它，一个人既不能成为诗人，也不能成为哲学家、有机智的人、有理性的生物，也就不成其为人。"科学巨人爱因斯坦也曾说过："想象力比知识更重要，因为知识是有限的，而想象力概括着世界上的一切，推动着进步，而且是知识进步的源泉。"想象力对于幼儿的认知、社会性、理解事物的发展都有着十分重要的意义。我们要培养幼儿的想象力，促进幼儿想象力更好的发展，首先需要理解想象的概念、分类，掌握幼儿想象力发展的规律和阶段特点，再根据幼儿想象的特点有针对性地提出培养策略。

学习目标

1. 理解想象的概念、分类。
2. 掌握幼儿想象力的发展特点。
3. 掌握幼儿想象力的培养措施。
4. 能有效运用培养幼儿想象力的教学策略。

内容结构

学前构建	学后归纳
探究幼儿想象力的发展 - 体验幼儿想象力的发展 - 分析幼儿想象力的发展特点 - 梳理培养幼儿想象力发展的方法 - 练习培养幼儿想象力的发展	

任务1　体验幼儿想象力的发展

案例导入

今天天气真好，4岁的圆圆和妈妈一起去公园散步，她蹦蹦跳跳的，开心极了。突然，她指着天上的云朵跟妈妈说："妈妈，你看！天上有个小白兔，这里有个小鸭子，那边还有一个棒棒糖！"

圆圆把天上的云朵看成是"小白兔""小鸭子""棒棒糖"，她这种心理活动过程就是想象的过程。

一、说一说想象的概念

想象是个体在头脑中对已有的表象进行加工改造，重新组合成为新形象的过程。

想象的基本材料是记忆表象。记忆表象是已经感知过的事物不在面前时，它在脑中再现出来的形象，它需要个体在生活实践中慢慢积累。记忆表象是对客观现实的反映，那么想象的源泉和内容也是来自客观现实和社会实践。

想象的产生需要两个基本的条件：第一，头脑中要有相当数量的，具有稳定性的表象作为想象活动的对象，即为加工材料；第二，要有运用内部的智力对头脑中储存的表象进行加工改造的能力。一般来说，1.5~2岁的幼儿开始出现想象的萌芽。

二、看一看想象的分类

根据想象的目的性、有意性的不同以及是否需要刺激物的影响，可以把幼儿的想象分为无意想象和有意想象。

（一）无意想象和有意想象

1. 无意想象

无意想象又称为不随意想象，是指没有事先预定的目的和意图，在某种刺激物的影响下，不由自主地想象出某种新形象的过程。这是最初级、最简单的想象。例如，幼儿不经意间抬头看见天上的白云，马上想到它的形状像一个棒棒糖，或者像一个小兔子。又如，听老师讲《小红帽》的故事时，随着老师的讲述，幼儿的脑海中不由自主地浮现出大灰狼的形象……这些都是无意想象。

2. 有意想象

按照一定的目的或者既定的主题，需要意志力的努力，自觉地进行的想象，叫有意想象。它是根据一定的任务而进行的。例如，艺术活动中，大班幼儿朵朵根据"我心目中的幼儿园"这个主题来进行主题化的活动。有意想象是一种富有主动性，有一定计划性的想象。

（二）再造想象和创造想象

根据想象的独立性、创造性的程度不同，即想象的新颖性的不同，可以把想象分为再造想象和创造想象。

1. 再造想象

再造想象是根据语言的描述或者图样、图纸、符号等描述说明，在脑海中形成关于某种事物新形象的过程。例如，建筑师根据建筑图纸，可以想象出一座座建筑物的形象；学生在读了《西游记》的故事后，根据故事中的描述，头脑中浮现出孙悟空的样子。这些想象都是再造想象。

所谓“再造”，一方面指这种形象是根据当前的任务描述和所提供的材料，运用个人已有的知识经验，在头脑中加工改造出来的；另一方面，这种新形象非自己的独创。再造想象出来的新形象，只是对自己来说是新的，独创性、新颖性成分较小，再造想象形成的新形象差异较大，因为人们的兴趣、爱好、能力和前期经验不同，再造的新形象就不会相同。

2. 创造想象

创造想象是根据一定的目的、任务，运用自己以往的经验，独立地去创造新形象的过程。创造想象出来的新形象是独创的，它具有原创性、独创性、新颖性等特点，它比再造想象要更加的困难、复杂。例如，鲁班根据锯齿草的形状发明了锯子；鲁迅创造出“阿 Q”这一形象；科学家根据蝙蝠的超声波创造出雷达……这些都是创造想象。

再造想象和创造想象虽然在独创性、新颖性的程度上有所不同，但是它们之间有着密切的联系。任何一项创造性活动，事先总是参考了前人的经验，形成一定的再造想象，再进一步创造升级。所以说，再造想象和创造想象既有相同点，也有不同点（见表 5-1-1）。

表 5-1-1　再造想象和创造想象的异同

类型	再造想象	创造想象
相同点	都是根据已有表象进行加工改造出来的新形象	
不同点	（1）再造出的形象所代表的事物是已经被前人创造出来的。 （2）构造出的形象与相应的语言、符号、图标的提示相符合	（1）具有原创性，创造出的新形象是崭新的，前所未有的。 （2）在创造性活动中作用较大

幻想是创造想象的一种特殊形式，与个体的愿望相联系，并指向未来事物的想象，有积极和消极之分。

三、理一理想象在幼儿心理发展中的意义

想象是一种特殊的表象思维，它的最大特点就是想象的结果能够超出现实的特性。幼儿的想象在两岁以后就迅速发展，幼儿期是想象最为活跃的时期，想象贯穿于幼儿的各种活动之中。离开了想象力，我们几乎不能形成任何知识、判断和美的东西，想象力对于幼儿的情绪情感、性格与个性以及社会化的发展起着重要作用。因此，想象对于幼儿的心理发展有着独特的意义。

（一）想象能够促进幼儿认知的发展

幼儿的主要活动是游戏，特别是象征性游戏，象征性游戏的心理活动成分首先是意识的象征功能。所谓象征功能，指的是运用具体的事物、语言、符号等来象征或代替其他事物。象征功能往往有两种

表现形式：一种是运用比较具体的实际物体、动作等对象代表某种事物，在游戏中，幼儿不断地依靠想象而变换事物的功能。例如，两个小班的小朋友在一起玩着橡皮泥。她们时而把橡皮泥压瘪，时而又揉成团，时而又压成薄饼。突然其中一个幼儿拿着压成饼状的橡皮泥大喊："看呀！这是我的小飞船，它在天上飞呀，飞呀！"同时手里拿着橡皮泥比画着飘来飘去的动作。这个时候的幼儿感觉到的是一块形状似小船的橡皮泥，他通过想象，把这个形象进行了加工改造，转换成了他的小飞船的形象。

象征功能的第二种表现形式是出现用假想的东西去补充或者代替现实事物，逐渐学会运用积累的表象去构建新形象的能力，即想象的能力。例如，当幼儿在模仿大人给小熊喝牛奶时，会想象着小熊正抱着奶瓶津津有味地喝着牛奶，甚至于幼儿嘴里也会发出"啊唔啊唔"的声音模仿喝牛奶的声音。从这个意义上看，早期的象征功能基本等同于幼儿早期的想象，而这种早期的想象又推动着幼儿对周围事物的认识与了解。

（二）想象有利于幼儿理解能力的发展

由于幼儿的思维能力水平不够，幼儿对事物的理解往往是在想象的基础上进行的，想象在帮助幼儿理解抽象概念、理解较为复杂的知识方面有着重要的作用，它是幼儿学习新知识所必需的认知基础。幼儿听故事时，想象随着故事情节的推动而展开，正是因为想象活动，使幼儿能够更好地理解故事情节。例如，当幼儿听《小蝌蚪找妈妈》的故事时，幼儿可能从来没有见过真实的蝌蚪，但是通过故事的描述，她们能够通过想象，依靠过去的经验，体会小蝌蚪找不到妈妈时的焦虑的心情，能够产生帮助小蝌蚪的同理心，在促进幼儿理解能力发展的同时，也促进了幼儿社会化的发展。

（三）想象有助于调节幼儿的情感和意志活动

想象的形象会引起人的情感体验，从而调节人的情绪。在幼儿的日常生活中，我们常常可以看到一些与认知没有直接关系或者没有密切关系的想象活动。例如，幼儿打针时，一边害怕一边哭，嘴里却还说着"我是超人，我不怕打针！"幼儿从内心深处十分害怕打针，但此时，害怕也是无用的，反而会加重内心的痛苦和焦虑。于是，幼儿借助想象从故事书、动画片中的英雄人物身上获得精神上的动力，发展具有积极倾向的情感。对此，有人解释说，这是幼儿的一种自我保护机制，一种"精神胜利法"。苏联学者鲁宾斯坦认为，每一种思想，每一种情感，哪怕是在某种程度上改变世界的意志行动，都有一些想象的成分。幼儿利用想象这一心理活动过程，把自己想象成什么都不怕的超人，以此来增加自己打针的勇气，所以说，想象是调节幼儿的意志行动的内部推动力不可缺少的因素。

精华提炼

任务 2 分析幼儿想象力的发展特点

案例导入

在一次艺术活动中，中班的乐乐正兴高采烈地拿着彩笔画画，一会儿画了个小人，一会儿又画了棵树，一会儿又画小虫，当说他的小虫画得不像时，他立刻又说：“我来画个火箭”，呈现出一串无目的无系统的自由联想。

鲁迅先生曾说，孩子是可敬的，他常常想到星月上的境界，想到地面下的情形，想到花卉的用处，想到昆虫的语言；他想飞上天空，他想潜入蚁穴。孩子的想象总是天马行空，下面让我们一起来分析一下幼儿想象发展的特点。

一、析一析幼儿想象的发展特点

幼儿时期是想象最为活跃的时期。这个时期的幼儿，脑的兴奋过程强于抑制过程，兴奋占优势，所以说，日常生活中的各种事物刺激都有可能引起幼儿的好奇心和想象力。幼儿的想象主要发生在各类游戏活动中，幼儿在日常生活中开展大量象征性游戏，在这些游戏中，幼儿试图去用她们体验感知过的人、事、物，去改编创造属于自己的游戏。当受到物质条件、环境布局或者身份的限制时，他们会采用替代的方式来解决现实条件的不足。例如，以物代物、以人代人等形式，把想象的内容体现在游戏活动中，而游戏活动又推动和支撑着幼儿想象的发展进程。

（一）无意想象占主导，有意想象逐步发展

幼儿的无意想象和有意想象，是根据有无目的性来划分的。幼儿的想象活动很少是根据特定的目标进行支配，通常是由环境中的一些刺激物直接引起，不由自主地展开想象，常常随着周围环境和事物的变化而变化。

幼儿的无意想象有以下几个特点：

1. 想象的目的不明确，由外界刺激引起

幼儿的想象常常没有自己的预定目的，在游戏活动中想象往往随着物品或者玩具的出现而产生。例如，看见布娃娃，就想着给布娃娃穿衣服，送布娃娃去幼儿园；看见了小碗和小勺子，又想着去学做饭；看见了针筒，又想着去当医生，给病人打针。这种情况在幼儿初期表现得更加明显，在活动之前，他们无法预定自己要进行的活动内容，幼儿往往是在自己具体的行动中看到了自己的动作无意造成的物体形象，才想着自己进行活动的意义。

2. 想象的主题不稳定，内容相对贫乏零散

在幼儿期，幼儿的生理和心理发育不成熟，孩子们在很多方面都表现出不稳定的现象。活动之前，他们不能设想出自己将要做什么、想要创造出什么形象，只是在行动中无意识地摆弄物体，自发地改变物体的形状。由于幼儿的想象没有明确目的，是在外界环境的作用下直接产生的，所以幼儿想

象的内容常常没有主题，即使有主题也是极不稳定，很容易改变的。例如，在区角游戏中，乐乐正在画画，突然看见别的小朋友在给娃娃打针，他便也要跑去当“医生”，加入打针的行列。

3. 想象的过程不完整，常以自我满足为主

幼儿的想象常常没有完整的结构，不以追求最终的目的为结果，只是满足于想象的过程。这一点，在幼儿初期表现得最为明显。比如小班的幼儿在画画时，常常是一个没画完，又画另一个，画了一个又一个，整张画画得零散而杂乱，经常是正在画娃娃的时候，又画了桌子，桌子还没画完，又去画小花，最后各种线条铺满整张画纸。虽然整个想象的过程显得如此凌乱，也没有什么主题，在成人看来毫无美感，但是绘画过程中的幼儿却感觉到津津有味，并且嘴里不停地自言自语，在自己想象的世界里快乐地遨游。而随着年龄的增长，大班的幼儿不再局限于满足于想象的过程，而开始追求自己想象的结果。

（二）再造想象占主导，创造想象逐步发展

根据想象独立性和新颖性的差异可分为再造想象和创造想象。一般来说，幼儿的想象再造成分很大，创造成分很小。具体表现为以下几个方面：

1. 幼儿的想象常常依赖于成人的语言描述

幼儿初期，幼儿的想象常常是在外界刺激的影响下而展开的。幼儿在听故事时，他的想象随着成人的讲述而展开，讲述加上直观的图像会使得幼儿的想象进程更加的丰富。如果缺乏讲述，或者让幼儿单独看图像，幼儿的再造想象也不能充分地展开。在游戏中，幼儿想象的推动往往也是根据成人的描述来进行，尤其是幼儿初期这一特点显得更加突出。例如，欢欢正在玩娃娃家的游戏，只见她抱着一个布娃娃给它穿衣服，穿好了衣服后就只是静静地坐着，老师走过来说：“娃娃的衣服穿好了，是要带她出去玩呢？还是送她去上幼儿园呀？”欢欢马上回答道：“要送娃娃上幼儿园啦！”这时，幼儿的想象力又会随着教师语言的提示而继续展开。

2. 幼儿想象的形象多是记忆表象的简单加工

幼儿初期的想象，常常是外界刺激的形象恰巧比较符合幼儿头脑中保存的某种表象时，幼儿才能把它想象成某种物体。由于这种想象的形象与头脑中保存的有关物体的“原型”形象差不多，所以就很难具有独特性、新颖性。幼儿初期之所以会进行大量的象征性游戏，原因之一就是象征性游戏有玩具的支撑。在游戏中幼儿不断地进行实际行动，丰富多样的玩具给予了幼儿发挥想象的基础，幼儿能够根据玩具的形状、功能等特点大胆进行想象。例如，幼儿常常拿着一块橡皮泥，把它捏成各种各样的形状，随着实际操作的进行，幼儿的想象也随之展开。

3. 幼儿的想象随着年龄增长而创造性成分增多

幼儿期主要是以再造想象为主，创造想象在再造想象的基础上逐渐发展起来。再造想象的发展，使幼儿的脑海中积累了大量的想象形象，在它的基础上，逐渐出现了一些创造想象的因素。随着知识经验的丰富和思维的逐渐发展，幼儿在再造想象的过程中逐渐开始独立地进行想象。2~3 岁是想象发展的最初阶段，这时期的幼儿想象过程缓慢，依赖于成人的言语提示和动作的辅助，幼儿的想象基本是以模仿或重现生活中的某些经验为主；4 岁左右幼儿的想象有了一些创造性成分，例如，在故事续编活动中，4~5 岁幼儿能根据故事情节的发展，自由地发挥，续编或改编故事；5 岁时，幼儿想象的内容更加丰富，新颖性增加，并且想象的独立性发展到较高水平，可根据主题或一定任务有目的、

有计划地进行想象。

（三）想象易脱离现实，常常与现实相混淆

想象常常脱离现实或者与现实相混淆，这是幼儿想象的一个突出特点。

1. 想象易脱离现实

幼儿想象脱离现实的情况，主要表现为想象的夸张性。幼儿在想象中常常把事物的某个部分或者某个特征加以夸大。例如，幼儿在画房子时，把烟囱画得很高很高，都能伸到云朵里去了。幼儿自己讲述故事，也喜欢用夸张的说法："我妈妈给我买了条新裙子，可漂亮了，是世界上最漂亮的裙子！"如果有人说自己的新衣服也很好看，那么幼儿之间就会不断地比较自己的新裙子比别人的好看在哪里，是全国，甚至全世界最好看的新裙子。至于这些说法是否符合实际，她们是不太关心的。

2. 想象与现实相混淆

幼儿常常把自己想象的事情当作真实的事情。例如，午休前欢欢一直不好好睡觉，旁边的乐乐偷偷告诉她说："快睡吧，我妈妈说大灰狼会来抓不好好睡觉的小朋友"，而我们都知道在现实中已经很难再见到大灰狼，幼儿把想象当成了现实。这种情况在小班幼儿身上体现得比较明显。这是由于幼儿早期感知分化发展不足，幼儿常常意识不到想象的事物和现实事物的异同，察觉不到事物的差别。而中大班的小朋友则能很清晰地认识到故事书中的大灰狼和现实中的大灰狼不同，故事书中的大灰狼是假的，并不会真的把人抓走。并且，幼儿的想象与现实相混淆也受认识水平不高的影响，有时候把记忆中印象深刻的表象和想象的形象相混淆，导致真实与想象的界限不够清晰。

拓展阅读

幼儿想象夸张性的表现及原因

1. 幼儿想象夸张性的表现形式

（1）夸大事物的某个部分或某种特征

幼儿绘画作品《打针》中将针头这一部分画得特别大，《白雪公主》中的七个小矮人比正常人矮小得多，这些都体现了想象的夸张性特点。

（2）混淆假想与现实

想象与现实相混淆是指幼儿容易把想象的东西当成现实的东西。表现在三个方面，一是把自己强烈渴望得到的东西说成已经得到的；二是把希望发生的事情当成已经发生的事情来描述；三是在参加游戏或欣赏文艺作品时，往往身临其境，与角色产生同样的情绪反应，当成已经发生的事情描述。

幼儿的这个特点常常被误认为在说谎，实际上并非如此，而是由于幼儿知识经验储备较少，缺乏想象的材料与技巧，常常将现实与想象混淆。随着年龄的增长，知识经验的增加，想象的合理性、现实性逐步提高。

作为教师和家长，我们应加以询问，了解事实的真相，弄清幼儿这么说的原因是什么，而不应不分青红皂白地予以严厉的斥责。成人应当耐心地指导幼儿，帮助他们分清想象与现实。

2. 幼儿想象夸张的原因

（1）认知水平的限制

幼儿的思维发展水平决定其注意力放在新颖、具体、形象、夸张、有趣的事物上。观察事物时幼儿往往注意到事物的突出特点，即使不是事物的本质特点也无所谓，对于其他特点则很少顾及。

（2）情绪的影响

幼儿的想象具有一定的逻辑和现实成分，但是又常常表现为夸张形式，其中原因之一就是情绪对幼儿的想象产生了一定的影响。例如小林拿着一幅《小山羊吃草》的画让老师看，老师因为有事说一会儿看，小林因此生气了，一会儿老师来看画的时候，发现小羊被涂了，老师问为什么，小林说小羊被大风刮跑啦！

（3）想象表现能力的局限

想象总是通过一定手段来表现，幼儿想象的夸张与事实不符，往往受表现能力的限制。这一点在各种造型活动中尤为突出。由于幼儿语言表达能力有限，有时幼儿想象的事物无法用准确语言表达出来，例如朵朵想要小笑脸或者想得到关注却不会用准确地语言表达。

——整理节选《学前儿童发展心理学》，沈雪

任务3 梳理培养幼儿想象力发展的方法

案例导入

在一次美术活动中，老师引导小朋友们用自己的手给大树添上五颜六色的叶子。只见老师用了两张有小朋友一人高的白纸，提前在上面画好了大树的枝干，引导幼儿用手指或手掌等各种形式蘸取颜料，在纸上拍拍打打，不一会时间，大树上面就长满了各式各样的树叶和花朵。老师利用给冬天的大树穿上"新衣服"这个主题，给幼儿充足的想象空间，让他们去探究、去思考。

思考：作为幼儿教师和家长，在日常生活中如何培养幼儿的想象力？

一、丰富感性经验，积累想象素材

幼儿期的想象特点是由无意想象到有意想象，以再造想象为主。幼儿的想象没有预先目的，只是在某种外在刺激的影响下，自然而然地想象出某种事物的形象。而一个人想象的水平是以一个人头脑中所储存的表象的数量和质量情况为转移的，表象越丰富，越准确，想象就越新颖、越深刻。例如，在户外活动时，当幼儿不经意间看到天上的一片片白云时，欢欢指着天空大喊："老师，你看那朵白云看起来好像一个棉花糖一样，感觉好好吃。"当询问欢欢吃过的棉花糖是什么样子时，欢欢说是周日和妈妈去公园玩的时候买的棉花糖，有各种各样颜色的，还有各种花朵形状的棉花糖。由此可见，感性知识和丰富的生活经验，对于幼儿想象力的发展是十分重要的。个体的经历不同，想象的内容也有所不同。

知识和经验的积累是幼儿想象力发展的基础。因此，教师和家长在各种活动中，在日常生活中要丰富幼儿的感性知识和经验，引导她们去感知客观世界，多到大自然、大社会中去观察、去体验，通过参观、旅游等活动开阔幼儿的视野。例如，让幼儿到动物园中，去认识各种动物；到大自然中，去认识各种瓜果、庄稼；到博物馆中，去感受历史留下的痕迹，利用各种丰富多样的方式使幼儿尽可能地认识更多前所未知的东西，增加其表象内容，为幼儿的想象增加素材。

二、营造宽松氛围，鼓励幼儿大胆想象

要给幼儿以想象的充分自由，培养他们敢想、多想的创造精神。幼儿的想象存在明显的个别差异，这固然与其前期经验和神经类型的灵活性有关，但是更重要的是受其环境教育的影响。一般来说，民主、开放、宽松、自由的环境才能使幼儿扬起创造想象的风帆。一个唯唯诺诺、头脑呆板、不敢想、不敢干、只会机械模仿、思想被束缚在一定条条框框内的幼儿是很难有所创造、有所作为的。只有那些敢想、多想、别出心裁、敢于与众不同的幼儿，才更加有所创造。因此，在日常教育教学活动中，都必须注意给幼儿充分的自由，不仅仅是行动上的自由，更是思想上的自由，鼓励幼儿积极动脑，自由畅想。一旦当幼儿的想象有了新思路、新想法，教师或家长就应及时给予肯定和鼓励。

例如，幼儿在图书角阅读《小蚂蚁搬家》的故事，小蚂蚁搬家的过程中遇到了一个大水坑怎么办呢？有的小动物去帮小蚂蚁搬石头，有的小动物去帮小蚂蚁找树叶当船，而圆圆小朋友却想到一个奇思妙想，她说："可以让大象站在水坑里，然后用鼻子给小蚂蚁当秋千，一下子就荡过水坑啦！"在幼儿园一日生活中，经常会遇到小朋友们出其不意的一些想法，这个时候我们就应鼓励她们的想象不同寻常，逐步培养幼儿敢想、敢说的勇气和创新精神，对于发展幼儿的创造想象有重要的意义。

三、丰富活动形式，创设想象情景

著名教育家杜威曾经说过："教育即生活，教育即生长，教育即经验的不断改造。"幼儿园的一日生活贯穿着幼儿从进园到离园的整个过程，而一日生活中又是通过一个个丰富多样的活动形式串联起来的。在各种活动形式中都充满着教育的契机。因此，积极组织、开展各种创造性的活动，给幼儿留有充分想象创造的空间，为幼儿表象的积累提供各种素材，是创设发展幼儿想象的必要条件。有目的、有计划地训练，是提高幼儿想象力的重要措施。

充满想象的童话和神话故事最能引起幼儿的遐想，所以，教师要适当选择能够激活幼儿想象力的文学作品；音乐和美术活动也是发展幼儿想象力、培养美的感受的有效途径，可以提供给幼儿一些易于表演的音乐，让幼儿根据音乐节拍、歌词内容创编动作，通过肢体动作表现对音乐的理解；美术中的主题画能充分活跃幼儿想象力，要求幼儿围绕主题展开想象，使她们无拘无束地构思出新的形象、新的故事，鼓励幼儿大胆想象、大胆尝试……这些都是培养幼儿想象力的有效方式，经常进行这样的训练，可以使幼儿的想象广泛而新颖。

拓展阅读

在美国内华达州，一位母亲认为自己的女儿上幼儿园后认识了字母"O"，失去了以前对"O"说成苹果、太阳、足球、鸟蛋之类的圆形东西的想象力，把劳拉三世幼儿园告上了法庭，并且胜诉了。因为，陪审团被这位母亲在辩护时讲的一个故事感动了。

这位母亲曾到某个国家旅行，在一家公园里见到了两只天鹅，一只被剪去了左边的翅膀，一只天鹅的翅膀完好无损。被剪去翅膀的天鹅被放在较大的一片水塘里，翅膀完好的天鹅被放养在较小的水塘里。她非常不解，管理员告诉她，这样能防止它们逃跑。因为，剪去一边翅膀的天鹅无法保持平衡，飞起来后会掉下来，在小池塘的天鹅虽没有被剪去翅膀，但起飞时会因为没有足够的滑翔路程，只能老实地待在水里。她听后既震惊又感到悲哀，为天鹅悲哀。她为女儿打官司，就是因为她感到女儿变成了劳拉三世幼儿园里的一只天鹅。他们剪掉了女儿的一只翅膀，一只幻想的翅膀，早早地把她投进了那片小水塘，那片只有ABC的小水塘。

——整理节选《学前心理学》，刘新学、唐雪梅

任务 4　练习培养幼儿想象力的发展

一、口述或抄写培养幼儿想象力发展的方法

二、设计一节训练幼儿想象力的游戏活动

范例	学生设计活动
游戏名称：《拼贴画》（大班） **游戏目的：**训练幼儿的想象力。 **游戏准备：**周末和父母去公园收集各种植物的叶子。	**游戏名称：** **游戏目的：** **游戏准备：**
游戏方法：利用周末收集的叶子，幼儿发挥自己想象力，利用各种各样的叶子，贴出属于自己的树叶画。 **游戏规则：**拼贴画的过程中，幼儿可以相互介绍自己收集的树叶的种类、形状	**游戏方法：** **游戏规则：**

三、试玩游戏活动

1. 合理分组，选举组长。
2. 大家可利用下课间隙和吃饭时间去学校操场收集树叶并以小组为单位制作树叶画。
3. 组内体验、观察、总结、分享。

四、分享训练体会

1. 班上分享训练体会。
2. 总结培养幼儿想象力发展的方法和注意事项。

思维导图

- **探究幼儿想象力的发展**
  - 体验幼儿想象力的发展
    - 想象的概念：想象是在头脑中对已有的表象进行加工改造，重新组合成为新形象的过程
    - 想象的分类：无意想象和有意想象、再造想象和创造想象
    - 想象在幼儿心理发展中的意义：促进幼儿认知的发展、有利于幼儿理解能力的发展、有助于调节幼儿情感和意志活动
  - 分析幼儿想象力的发展特点
    - 无意想象占主导，有意想象逐步发展
    - 再造想象占主导，创造想象逐步发展
    - 想象脱离现实，常常与现实相混淆
  - 梳理培养幼儿想象力发展的方法
    - 丰富感性经验，积累想象素材
    - 营造宽松氛围，鼓励大胆想象
    - 丰富活动形式，创设想象情景
  - 练习培养幼儿想象力的发展
    - 口述培养幼儿想象力发展的方法
    - 会设计训练幼儿想象力的活动
    - 会玩、会分享、会总结、会运用

技能高考

一、单项选择题

(　　) 1. 幼儿本来在画大树，看到旁边的伙伴在画小鸟，于是把大树擦掉换成了小鸟，这体现了________。

A. 幼儿想象的主题不稳定　　B. 幼儿想象的目的不明确

C. 幼儿想象的内容零散　　D. 幼儿常常满足于想象过程

(　　) 2. 幼儿在进行角色游戏时，把棍子当“面条”，用沙子当“饭”，这属于创造想象中的________表现。

A. 以人代人　　B. 以物代物　　C. 情景转换　　D. 以人代物

(　　) 3. 丫丫看到了玩具店的布娃娃，就想象给娃娃喂饭、穿衣服，这是一种________想象。

A. 再造想象　　B. 创造想象　　C. 无意想象　　D. 有意想象

(　　) 4. 当我们说到“下雪天”时，我们的大脑中就会出现下雪天滑雪、打雪仗等场景，这是________。

A. 思维　　B. 感知　　C. 想象　　D. 注意

(　　) 5. 幼儿听老师讲《西游记》的故事，仿佛看见了孙悟空大闹天宫的情景，这是________。

A. 逻辑思维　　B. 创造想象　　C. 综合想象　　D. 再造想象

(　　) 6. 有个孩子很喜欢长颈鹿，有一天他对小朋友说：“我家有一头真的长颈鹿。”这说明________。

A. 幼儿想象的独特性　　B. 幼儿的想象易与现实相混淆

C. 幼儿想象的情绪性　　D. 幼儿想象不受外界刺激的影响

(　　) 7. 在幼儿的绘画中，可以发现学前儿童画的大象头特别大，鼻子特别长，这说明________。

A. 幼儿想象的独特性　　B. 幼儿想象的夸张性

C. 幼儿想象的情绪性　　D. 幼儿想象不受外界刺激的影响

(　　) 8. 在幼儿角色游戏中，一会儿当“医生”，一会儿当“工人”。这表明________。

A. 想象的主题不稳定　　B. 想象的内容零散、无系统

C. 以想象过程为满足　　D. 想象受情绪和兴趣的影响

(　　) 9. 幼儿无意想象和有意想象的发展表现为________。

A. 无意想象占主要地位，有意想象开始发展

B. 无意想象开始萌芽，并成为学前儿童想象的典型形式

C. 有意想象占主要地位，无意想象已趋完善

D. 无意想象和有意想象在学前儿童生活中占同等重要地位

(　　) 10. 在同一张桌子上绘画的学前儿童，其想象的主题往往雷同。这说明幼儿想象的特点是________。

A. 想象无预定目的，由外界刺激直接引起

B. 想象的主题不稳定，想象方向随外界刺激变化而变化

C. 想象的内容零散，无系统性，形象间不能产生联系

D. 以想象过程为满足，没有目的性

二、判断题（正确的打“√”，错误的打“×”）

（　　）1. 想象是对不存在的事物进行加工的心理活动。

（　　）2. 想象是维持儿童心理健康的重要手段。

（　　）3. 想象是人一出生就具备的心理活动。

（　　）4. 有意想象实际上是一种自由联想，不要求意志努力，意识水平低，是幼儿想象的典型形式。

（　　）5. 中班以后，幼儿的想象开始表现出一定的有意性和目的性。

（　　）6. 有意想象和无意想象是根据想象产生过程的独立性和想象内容的新颖性而区分的。

（　　）7. 想象常常脱离现实或者与现实相混淆，这是幼儿想象的一个突出特点。

（　　）8. 记忆表象是通过感知觉获得，并保存在大脑中的事物的形象，具有形象性和概括性。

（　　）9. 创造想象是根据一定的目的任务，独立地创造出新形象的过程。

（　　）10. 根据想象内容的新颖性、独特性和创造性，想象可以分为：再造想象和创造想象。

三、案例分析

小班的红红，她很想自己也能像哥哥姐姐那样参加幼儿园“小红花合唱团”，并上台表演。一天，她回家高兴地说：“妈妈，我参加小红花合唱团了，老师还让我上台表演节目啦！”妈妈听了当然很高兴。可后来一打听，根本没有那么回事。妈妈便生气地训斥道：“你这么小就撒谎，长大了还得了！”红红感到十分委屈。

试分析幼儿的想象有什么特点。

参考文献

［1］沈雪梅. 学前儿童发展心理学［M］. 北京：北京师范大学出版社，2016.

［2］曹中平. 学前心理学［M］. 湖南：湖南师范大学出版社，2019.

［3］陈帼眉，冯晓霞，庞丽娟. 学前儿童发展心理学［M］. 北京：北京师范大学出版社，2013.

［4］刘新学，唐雪梅. 学前心理学［M］. 北京：北京师范大学出版社，2014.

活动 6　探究幼儿思维力的发展

活动导读

德国著名思想家歌德曾经说过："谁没有用脑子去思考，到头来他除了感觉之外将一无所有。"思维是人所特有的高级认识活动，是大脑对客观现实的概括的间接的反应，包括概念的形成、判断和推理。在人的整个心理活动中，思维占有核心的地位。它是一种以表象、感知觉、语言等心理活动为基础的高级认知过程，是智能的核心，是人类获得新知识必要的途径，无论是在个体的成长还是在整个人类社会发展的进程中都起着非常重要的作用。本章主要概述了思维的概念、特点、分类，详细阐述了幼儿思维的发展特点和基本规律，以及幼儿思维的培养策略。

学习目标

1. 理解思维的概念、分类。
2. 掌握幼儿思维的发展特点。
3. 掌握幼儿思维的发展特征，并设计相应教学活动。
4. 掌握幼儿思维的培养策略。

内容结构

学前构建	学后归纳
探究幼儿思维力的发展 — 体验幼儿思维力的发展 — 分析幼儿思维力的发展特点 — 梳理培养幼儿思维力发展的方法 — 练习培养幼儿思维力的发展	

任务 1　体验幼儿思维力的发展

案例导入

今天是小班小朋友进班的时间，朵朵第一次离开爸爸妈妈独自到陌生的环境中，她看见陌生的老师、陌生的小朋友，止不住地号啕大哭起来，嘴里一直念叨着："我妈妈什么时候来接我呀？我要妈妈。"王老师过来安慰她，但是并没有特别明显的效果。这时，王老师不耐烦地说："你再哭，再哭妈妈就不来接你了！"朵朵一听说妈妈不来了，哭得更厉害了。

思考：上述王老师行为符合幼儿思维发展的特点吗？为什么？

一、说一说思维的概念与特点

（一）思维的概念

思维是人脑对客观事物间接的、概括的反映，它反映的是客观事物的本质及其规律性联系。当人们在工作、学习、生活中碰到一时不能解决的问题时，往往会说"我考虑一下""让我想一想"，这种"想"和"考虑"的过程，就是指人的思维活动。思维是人脑对感知觉所提供的材料进行"去粗取精，去伪存真，由此及彼，由表及里"地加工，对事物的本质属性进行归纳总结的过程，是人脑对客观事物间接的、概括的反应，它属于认识的高级阶段。

（二）思维的特点

1. 思维的间接性

思维的间接性是指思维活动不直接作用于感觉器官的事物时，人们借助其他媒介或者是前期的经验，去理解一些不能直接感知或者是没有被直接感知的事物及事物之间的关系。例如，早晨起来出门，看到路面潮湿，便推想到"昨天晚上下过雨了"或者"洒水车是否刚刚经过"。这时，人们并没有直接感知到昨晚下雨或者看到洒水车经过，而是通过看到路面潮湿这个媒介推测出来的。又如，古时不如现在，可以用精密仪器捕捉风云变幻，中国古代劳动人民在长期的生产实践中，只能通过观察周围动植物来间接预测天气。日常生活中，医生通过病人的发病症状来判断疾病及其程度；教师根据学生的日常表现推测学生的内心世界，这些都是思维的间接性表现。由于思维的间接性，人们才能超越感知觉提供的信息，去认识那些没有直接作用于人们感知觉的事物的属性。

2. 思维的概括性

思维的概括性表现为在大量感性材料的基础上，通过内部的抽象、概括的加工过程，呈现出一类事物所具有的共同的、本质的特征。任何科学的定义、定理、法则、规律都是概括的结果，例如，液体的共性是有一定体积、没有固定形状，并且可以流动的物体，这是水、油、酒等的普遍特性；气体的共性是没有一定的形状、没有体积且可以流动的物体，这是空气、氧气、沼气等的普遍特性。又如，种子植物都有根、茎、叶、花、果实、种子六大器官，无论是桂花树、桃花树还是苹果树、桃子树，都具有这六大器官。这种情况就是思维的概括性。思维的概括性促使人们对客观事物的本质特征、内在关系和其规律加以认识，有利于人类对环境的适应与改造。

思维的间接性和概括性大大扩大了人们的认识领域，使人们能够掌握没有直接作用于感觉器官或者不能直接作用于感觉器官的事物或事物的本质属性，对于人们掌握事物发展变化规律，预见未来有着十分重要的作用。

二、理一理思维的分类

（一）集中思维和发散思维

1. 集中思维

集中思维是指在解决问题的过程中，尽可能利用已有的知识和经验，把众多的信息和解题的可能性逐步引导到条理化的逻辑序列中去，最终得出一个合乎逻辑规范的结论。例如，学生在做数学题的时候，从题干中寻找已知信息，结合所学的定理、公式，得到一个确定的答案。

2. 发散思维

发散思维是指大脑在思维时呈现的一种扩散状态的思维模式，根据已有信息，从不同角度、不同方向寻求多样答案的思维，它表现为思维视野广阔，思维呈现出多维发散状。如“一题多解”“一物多用”等方式，培养发散思维能力。

（二）直观动作思维、具体形象思维和抽象逻辑思维

按思维的水平及其凭借事物的不同，将思维分为直觉行动思维、具体形象思维和抽象逻辑思维。

1. 直观动作思维

直觉行动思维又被称为“实践思维”，是在思维过程中要以具体、实际动作作为支柱而进行的思维，这种思维所要解决的任务目标一般是直观的、具体的。直观动作思维是人类早期的主要思维方式，与个体在三岁前的思维水平和特征相似。直观动作思维的基本特点是动作性与直观性。这种思维是在儿童实际物体所进行的动作中和操作中进行的。

2. 具体形象思维

具体形象思维是在思维过程中借助于表象而进行的思维。表象是这类思维的支柱。表象是当事物不在眼前时，在个体头脑中出现的关于该事物的形象。人们可以运用头脑中的这种形象来进行思维活动，在幼儿期和小学低年级儿童身上表现得非常突出。例如，初入小学的小孩子在计算 3+2=5 时，不是对抽象的数字进行综合分析，而是在头脑中用三个手指加两个手指，或三个苹果加两个苹果等实物的表象相加而进行计算，这就是用具体形象思维解决问题的过程。

3. 抽象逻辑思维

抽象逻辑思维是在思维过程中以概念、判断、推理的形式反映事物的本质特性和内在规律的思维。概念是这类思维的支柱。一般认为，抽象思维、抽象逻辑思维、逻辑思维是一个意思。

科学家研究、探索和发现客观规律，学生理解、论证科学的概念和原理，以及日常生活中人们分析问题、解决问题等，都离不开抽象逻辑思维。例如初中生在证明命理和定理时，需要将数字符号和概念组合起来运用就是抽象逻辑思维。

儿童思维的发展，一般都经历直观动作思维、具体形象思维和抽象逻辑思维三个阶段。成人在

解决问题时，这三种思维往往是相互联系、相互补充，共同参与思维活动。例如，进行科学实验时，既需要高度的科学概括，又需要展开丰富的联想和想象，同时还需要在动手操作中探索问题症结之所在。

（三）常规思维和创造思维

1. 常规思维

常规思维是人们根据已有的知识经验，按照现成的方案和程序直接解决问题。例如，在数学上直接套用公式去解决同一类型的问题。这种思维基本不会产生新的思维方式，创造性和新颖性程度低。

常规思维容易产生思维定式。思维定式又称“习惯性思维”，是指人们按习惯的、比较固定的思路去考虑问题、分析问题，表现为在解决问题过程中作固定方式的加工准备。当客观环境没有变化时，思维定式有利于人们快速解决问题。但是，当客观环境产生了改变时，思维定式它会阻碍思维开放性和灵活性，造成思维的僵化和呆板。这使得人们不能灵活运用知识，使创造性思维的发展受到阻碍，这是定式的消极作用。

2. 创造性思维

创造性思维是一种具有开创意义的思维活动，即按照不寻常的新思路去思考，以便产生某种新的东西，即开拓人类认识新领域，开拓人类认识新成果的思维活动，它往往表现为发明新技术、形成新观念、提出新方案和决策。例如，爱迪生经过上千次实验，发明了白炽灯泡；吴承恩创作出神话小说《西游记》；鲁班通过锯齿草的启发，发明了锯齿等等，都是通过创造性思维实现的。

三、看一看思维的基本形式

思维的基本形式有概念、判断和推理。

（一）概念

概念是反映事物本质属性的思维形式。例如，“衣服”这个概念，它反映了短袖、毛衣、牛仔外套、羽绒服等人们可穿着的衣物所共同具有的本质属性，而不涉及它们彼此不同的具体特征（如毛衣是毛线织成的，牛仔外套是用牛仔布制作的，羽绒服里面主要是羽绒）。

每个概念都有一定的内涵和外延。内涵是指概念所反映事物的本质属性，外延是指属于这个概念的一切事物。例如，“哺乳类动物”这个概念的内涵是指脊椎动物亚门下哺乳纲的一类用肺呼吸空气的温血脊椎动物，因能通过乳腺分泌乳汁来给幼体哺乳而得名；外延是小猫、小狗、老虎等。这里要强调的是概念不是一成不变的，随着人类社会的进步、认识的逐渐深入，概念的内涵和外延也会不断变化。

（二）判断

判断是概念与概念之间的联系，它是肯定或否定某种东西的存在或者指明某种事物是否具有某种性质的思维形式。例如，“蜘蛛是一种昆虫”这是肯定的判断；“苹果不是蔬菜”这是否定的判断。“蜘蛛”和“昆虫”、“苹果”和“蔬菜”，这就表现为概念与概念之间的关系。判断大都是借助语言、词汇，并用句子的形式来体现的。我们头脑中所思考的任何想法，决定的任何决策，只要有某种观点、某种内容，就一定包含着判断，思维的结果也要经过判断来呈现。

（三）推理

推理是由一个或几个已知的判断推出新的判断（结论）的过程。推理可分为归纳推理和演绎推理。归纳推理就是从个别性知识推出一般性原理的推理。例如，我们已知在一个平面内，直角三角形内角和是 180 度；锐角三角形内角和是 180 度；钝角三角形内角和是 180 度；直角三角形，锐角三角形和钝角三角形是全部的三角形（个别性知识）；所以，推出平面内的一切三角形内角和都是 180 度（一般性原理）。

演绎推理是从一般原理到特殊事物的推理。例如，我们已知金属是导电良体（一般性原理）和铁是金属，得出结论铁是导电良体（个别性知识）。归纳推理和演绎推理是相互联系着的，归纳得出的结论可以用演绎去验证，演绎的前提是归纳得出的，在复杂的思维过程中，这两种推理方式经常是紧密交织在一起的。

精华提炼

任务 2　分析幼儿思维力的发展特点

案例导入

四岁的团团周末在家里玩耍，爸爸想教他学一些简单的加减法，于是用苹果来辅助教学。爸爸说："家里本来有 3 个苹果，今天妈妈上街又买了 2 个苹果，现在家里一共有几个苹果呀？"团团借助手点数的方式，很快答到"现在总共有 5 个苹果了"，过了一会，爸爸把苹果拿走，又问他："那么 3+2 等于多少啊？"团团怎么也理解不了为什么"3+2=5"，这让爸爸很苦恼，怎么就教不会呢？

思考：为什么没有了苹果作为辅助，团团很难理解 3+2=5 呢？

一、析一析幼儿思维力的发展特点

在幼儿的每一个年龄阶段，其思维特点是不同的，随着年龄的发展，思维方式呈现出三种不同的形态特点。分别是：直觉行动思维、具体形象思维和抽象逻辑思维。幼儿初期以直觉行动思维为主；幼儿中期以具体形象思维为主；幼儿晚期抽象逻辑思维开始萌芽。

（一）幼儿初期的思维——直觉行动思维

直觉行动思维也称直观动作思维，顾名思义是依靠对事物的感知、依靠自身具体的行动来进行的思维方式。直觉行动思维是幼儿最早出现的萌芽状态的思维，是最低水平的思维，这种思维方式在 2~3 岁幼儿身上表现得最为突出，在 3~4 岁幼儿身上也常有所体现。这一时期的幼儿思维活动离不开对事物的直接感知，并依赖于其自身的行动。幼儿摆弄一种东西的时候，同一种动作会产生相同的结果，这样在头脑中便形成了固定的联系，以后遇到类似的事情，就会自然而然地运用这种动作来解决问题。

幼儿的直觉行动思维具体有以下特点：

1. 依赖一定的情境

这一时期幼儿的思维依赖一定的情境，他们所开展的游戏很大程度上依赖于玩具或者周围的生活环境。幼儿最初的游戏大部分都是在模仿周围的人、事、物。例如，模仿妈妈送小熊去上学；模仿老师给学生上课；模仿医生给病人打针等等。而玩具作为幼儿游戏的物质前提，在这一时期表现得更为突出。例如，在娃娃家游戏中，圆圆抱着娃娃开心地玩着，但是过了好一会，游戏并没有继续下去，圆圆显得有一些无聊。这个时候王老师过去问圆圆："娃娃的衣服穿好了，那接下来是送它去上幼儿园吗？"这个时候圆圆又高兴地说道："对，我们要背书包去上幼儿园去咯。"这时候，圆圆的思维随着老师引导架构的一个故事情节变得更加活跃起来了。

2. 直观性与行动性

这一时期的幼儿思维离不开具体直观事物的支撑，并且思维只能依靠动作进行，常常表现为先做后想，边做边想，动作一旦停止，思维也就结束了。例如，明明正在画一个小鸭子，当别的小朋友说小鸭子不长这样时，明明又说自己画的是个白天鹅。这一阶段幼儿的思维很容易受外界环境的影响，他不能提前计划自己的行动，也不能预判自己行动的后果。

（二）幼儿中期的思维——具体形象思维

随着年龄和知识经验的不断增加，幼儿的思维在前一阶段的基础上有了进一步的发展。在解决问题的过程中，表象代替了一些行动，因而有些行动被压缩、被省略了，表象在思维中的地位越来越突出。幼儿的思维逐步由直觉行动思维逐渐发展到具体形象思维。具体形象思维是依赖事物的形象或者表象以及它们之间的联系而进行的思维形式。幼儿的具体形象思维主要有以下特点：

1. 具体形象性

幼儿的具体形象思维已经逐渐摆脱与动作同步进行的局面，但还未能完全摆脱受客观事物和具体形象的制约。幼儿在思考问题时，总是借助具体事物或客观事物的表象，幼儿容易掌握那些代表实际事物的概念，而对于抽象的概念比较难掌握。例如，“家具”这个概念比较抽象，而“沙发”“衣柜”“餐桌”这些概念较为具体，也是幼儿日常生活中能够经常接触到的事物，所以幼儿掌握“沙发”“衣柜”“餐桌”概念比“家具”要容易。又如，幼儿中期的孩子能够很快理解“三个苹果＋两个苹果＝五个苹果”，但是难以理解“3+2=5”，这种抽象的逻辑，也正是因为“苹果”对于幼儿来说，是一个具体的、直观的形象，而数字概念却很抽象。这里，帮助幼儿解决问题的既不是实际的动作，也不是抽象的数量关系，而是能够看得见、摸得着的具体形象。

2. 表面性

幼儿的思维只是根据接触到的事物的表面现象来进行的，他们很难理解事物本质的含义和联系。例如，老师出示两排数量相同的纽扣，第一排比第二排排列得稀疏，显得比较长，然后问幼儿：“哪一排的纽扣多？”幼儿回答：“第一排的纽扣多，因为第一排排列得比较长，所以多。”这里，幼儿受到了长度这一表面现象的干扰，认为摆得越长就越多。又如在沉浮实验中，提问为什么铁钉在水里会沉下去，积木会浮在水面上？幼儿会回答说：“因为积木比铁钉大，所以能浮在水面上。”在这个实验中，幼儿的判断仍然只看到了表面现象，而对物体密度与沉浮这一事物本质关系的认识，幼儿没有理解，也是理解不了的。

3. 自我中心性

所谓“自我中心”是指幼儿在思考问题时总是以自己的角度为出发点，倾向于从自己的立场、观点认识事物，而不太能从他人和客观的角度认识事物。这并不是说这一阶段的幼儿很自私，而是指他们的心理发展水平和逻辑思维能力还不够完善，以为别人看到的世界与他们看到的是一样的。

著名心理学家皮亚杰所设计的“三山实验”，就是体现幼儿思维以自我为中心的最典型的例证。桌子上前后错落地摆放了三座山的模型，首先，让幼儿从前、后、左、右不同方位观察这座模型。然后，让幼儿观察四张从三座山模型的前、后、左、右四个方位拍摄的照片。最后，让幼儿指出和自己站在不同方位的另一个人（实验玩偶）所看到的模型与哪张照片一样。结果发现，相当一部分幼儿挑出的往往是与自己的角度所看到的模型角度完全相同的照片。

自我中心性的特点还伴随着一些其他表现：

（1）不可逆性

幼儿思维的不可逆性。即单向性，不能转换思维的角度。例如，老师问贝贝：“你有姐姐吗？”

贝贝快速回答道：“我有姐姐，我姐姐叫宝宝”，过了一会问她，“那宝宝有妹妹吗？”贝贝却说不知道。这一时期的幼儿只能从自己的角度看自己的姐姐叫宝宝，但是无法从他人（宝宝）的角度看自己是妹妹。思维的不可逆性，使得幼儿也很难获得物质守恒的概念，在日常教育教学生活中，教师要使用正面语言跟幼儿交流，避免说“反话”。

（2）拟人性或泛灵论

拟人性又称泛灵论。自我中心思维的幼儿常常推己及人。自己有意识、有思想、有情感，便以为世间万物都和自己一样。他们会不由自主地认为周围的布娃娃、玩偶都是“活的”“有灵魂的”。他们赋予布娃娃自己的思想和情感，和布娃娃讲话，送小熊上学，把他们当作自己的好朋友，这种心理特点，在现实生活中显得尤为珍贵。

（3）经验性

这一时期的幼儿思维是依赖自己的生活经验进行的。往往他们自己不喜欢或者不想做的事情，会觉得他人也不喜欢。比如幼儿看见小球从椅子上滚落下来，会说因为小球不想在椅子上坐着，所以自己滚下来了。

（三）幼儿晚期的思维——抽象逻辑思维萌芽

抽象逻辑思维是指运用概念（语词）、判断和推理等思维形式进行的，反映事物本质属性和规律性联系的思维。抽象逻辑思维是人类特有的思维方式。严格来说，幼儿期尚不具备这种思维方式，但是到幼儿晚期，幼儿开始出现抽象逻辑思维的萌芽。例如，前面我们曾举了“沉浮实验”，幼儿中期只能通过表象猜测铁钉沉下去，是因为它小；积木浮上来，是因为它大。

但实验也发现，大班某些幼儿已经摆脱了表面形象的干扰，开始能够关注到材料本身对于物体沉浮的影响，但是说不出更多的道理，只知道“铁重一些，积木轻一些，所以铁钉会沉下去，积木会浮上来”。随着抽象逻辑思维的萌芽，幼儿以自我为中心的特点逐渐消除，开始“去自我中心化”，儿童开始学会从不同角度考虑问题，开始理解事物的相对性。

任务3 梳理培养幼儿思维力发展的方法

案例导入

幼儿教师在幼儿园组织教育教学活动时，总会使用大量的直观教具或者生动形象的图片、动画，以帮助幼儿理解。在给幼儿讲故事时，当讲到“大老虎张开了自己锋利的爪子”时，教师也会伸出双手做出相应的动作。这时，小朋友们也都会跟着老师做相同的动作，嬉笑一团。

思考：教师为什么要使用形象化的语言，并且配以相应的动作进行教学？教师还可以从哪些方面培养幼儿的思维能力呢？

一、保护幼儿的好奇心，正面激发求知欲

好奇心是对新颖事物探索的一种欲望和心理倾向，是推动人们主动地去认识世界、观察世界的内部动因。幼儿刚接触社会生活，周围世界对于他们来讲都是新鲜有趣的，好奇心又是幼儿认识世界最好的老师，在不断探索事物、获取知识的同时，幼儿的思维能力得以发展。学前期的幼儿像“十万个为什么”，什么都要看一看、什么都要摸一摸、什么都要问一问，教师和家长对此要加以重视。

由于受到认知水平的限制，幼儿经常在生活中遇到许多未知的事物，并向成人提出各种各样的问题。例如，“天上为什么会下雨？”“彩虹为什么是彩色的？”“金鱼在水里不需要呼吸吗？”等等。

首先，家长和教师必须保护幼儿的好奇心，积极回应他们因为好奇而提出的各种各样的问题，并给予恰当、正确的回答，切忌把幼儿可贵的好奇心和求知欲扼杀在萌芽状态。

其次，幼儿的好奇心常常缺乏目的性，要加以引导，正面激发幼儿的求知欲。幼儿往往是看到什么、想到什么就说什么，家长和教师要实时对幼儿的好奇心加以引导和激励。例如，当幼儿在花园发现瓢虫并不都是七个星，并且还有别的颜色、别的数量的“星星”时，教师可及时抓住教育契机，利用一次科学活动的形式，引导幼儿一起来探索探索七星瓢虫的奥妙。

二、创造动手操作机会，丰富幼儿感性知识

意大利著名教育家蒙台梭利曾经说过：“我听到了，我忘记了；我看到了，我记住了；我做过了，我理解了。”这句话以幼儿的角度进行阐述，听得再多，不如自己看一眼；看得再多，不如自己动手做一做，只有自己动手去做了，才能真正理解了。蒙台梭利也认为要发挥幼儿的自主性，实践大于一切。幼儿的思维是在感知动作的基础上产生和发展的，幼儿天性活泼好动、爱模仿，见到新奇的东西都要去动一动，这些都是幼儿探索和求知欲望的表现。因此，教师应当因势利导，有计划、有意识地组织各种活动，让幼儿切实参与到活动中去，丰富幼儿的感性知识及其表象。

教师在帮助幼儿掌握某些实物概念时，应注意给幼儿提供可以直接感知和动手操作的机会。例如，在认识“苹果”时，可以让幼儿拿着苹果，亲自去看一看、摸一摸、闻一闻、尝一尝苹果，并且还

可以提供不同种类的水果。比较苹果和其他水果的异同所在，加深幼儿对“苹果”这一概念的认识。在幼儿积累了各种事物多种材料较为丰富的经验后，再引导幼儿进行分类、概括，把零散的知识系统化、系统的知识条理化，促进幼儿思维的发展。

三、提升幼儿言语能力，重视思维力培养

幼儿缺乏社会经验和知识的积累，言语能力较弱，缺乏相应的概括性语句，直接影响思维的表达。语言是思维的工具。幼儿的思维一方面是具体事物的刺激；另一方面要借助语言来进行，进而形成概念，语言能力与思维能力的发展有着紧密的关系。提升幼儿的言语能力，有利于丰富幼儿的语词量，帮助幼儿正确地理解概念，进而摆脱动作思维的局限，摆脱表象的束缚，逐渐通过口头语言来表达自己的想法、支撑自己的行动。

在日常教育教学生活中，教师要重视发展幼儿的口头语言，培养他们的抽象逻辑能力，要抓住在一日生活的各个环节中与幼儿对话的机会。当幼儿遇到不解时，他就会提出问题。著名科学家爱因斯坦说过：“提出一个问题比解决一个问题更为重要”，当幼儿提出“是什么”“为什么”之类的问题时，教师应引导幼儿去正确地认识事物，掌握相应的词汇，以培养幼儿用规范的语言表达自己认识的能力，提升幼儿的思维能力。

拓展阅读

加德纳多元智能理论

20 世纪 80 年代，美国著名发展心理学家、哈佛大学教授霍华德·加德纳博士提出多元智能理论，多年来该理论已经广泛应用于欧美国家和亚洲许多国家的幼儿教育上，并且获得了极大的成功。霍华德·加德纳博士指出，人类的智能是多元化而非单一的，主要是由语言智能、数学逻辑智能、空间智能、身体运动智能、音乐智能、人际智能、自我认知智能、自然认知智能八项组成，每个人都拥有不同的智能优势组合。

1. 语言智能

是指有效的运用口头语言或及文字表达自己的思想并理解他人，灵活掌握语音、语义、语法，具备用言语思维、用言语表达和欣赏语言深层内涵的能力结合在一起并运用自如的能力。

2. 数学逻辑智能

是指有效地计算、测量、推理、归纳、分类，并进行复杂数学运算的能力。这项智能包括对逻辑的方式和关系，陈述和主张，功能及其他相关的抽象概念的敏感性。

3. 空间智能

是指准确感知视觉空间及周围一切事物，并且能把所感觉到的形象以图画的形式表现出来的能力。这项智能包括对色彩、线条、形状、形式、空间关系很敏感。

4. 身体运动智能

是指善于运用整个身体来表达思想和情感、灵巧地运用双手制作或操作物体的能力。这项

智能包括特殊的身体技巧，如平衡、协调、敏捷、力量、弹性和速度以及由触觉所引起的能力。

5. 音乐智能

是指人能够敏锐地感知音调、旋律、节奏、音色等能力。这项智能对节奏、音调、旋律或音色的敏感性强，与生俱来就拥有音乐的天赋，具有较高的表演、创作及思考音乐的能力。

6. 人际智能

是指能很好地理解别人和与人交往的能力。这项智能善于察觉他人的情绪、情感，体会他人的感觉感受，辨别不同人际关系的暗示以及对这些暗示做出适当反应的能力。

7. 自我认知智能

是指自我认识和善于自知之明并据此做出适当行为的能力。这项智能能够认识自己的长处和短处，意识到自己的内在爱好、情绪、意向、脾气和自尊，喜欢独立思考的能力。

8. 自然认知智能

是指善于观察自然界中的各种事物，对物体进行辩论和分类的能力。这项智能有着强烈的好奇心和求知欲，有着敏锐的观察能力，能了解各种事物的细微差别。

——整理节选《学前心理学》，曹中平

任务 4　练习培养幼儿思维力的发展

一、口述或抄写培养幼儿思维力发展的方法

二、设计一节训练幼儿思维的游戏活动

范例	学生设计活动
游戏名称：《图案配对》（中班）	**游戏名称：**
游戏目的：训练幼儿的思维能力。	**游戏目的：**
游戏准备：找一些废旧的颜色鲜艳的盒子。选择不同的纯色，然后剪出一对一对的颜色大小相同的正方形或者圆形，每两个卡片上画同样的图案。	**游戏准备：**
游戏方法：1. 找出两个同样的图案； 2. 成人拿出其中一个，让幼儿在所有图案中寻找少哪一个图案。	**游戏方法：**
游戏规则：找的图案要完全一致，幼儿尽量不寻求他人帮助	**游戏规则：**

三、试玩游戏活动

1. 合理分组，选举组长。
2. 组长选择图案，组员扮演中班的幼儿，比赛寻找配对图案。
3. 可适当增加难度。例如，给几分钟记忆时间，然后把图案盖住，凭借记忆寻找一样的图案。

四、分享训练体会

1. 班上分享训练体会。
2. 总结培养幼儿思维发展的方法和注意事项。

思维导图

- 探究幼儿思维力的发展
  - 体验幼儿思维力的发展
    - 思维的概念：人脑对客观事物间接的、概括的反应，它反应的是客观事物的本质及其规律性联系
    - 思维的特点：间接性、概括性
    - 思维的分类：集中思维和发散思维；直觉行动思维、具体形象思维和抽象逻辑思维；常规思维和创造思维
    - 思维的基本形式：概念、判断、推理
  - 分析幼儿思维力的发展特点
    - 幼儿初期的思维：直觉行动思维
    - 幼儿中期的思维：具体形象思维
    - 幼儿晚期的思维：抽象逻辑思维萌芽
  - 梳理培养幼儿思维力发展的方法
    - 激发幼儿的好奇心，正面激发求知欲
    - 创造动手操作机会，丰富幼儿感性知识
    - 提升幼儿言语能力，重视思维力培养
  - 练习培养幼儿思维力的发展
    - 口述培养幼儿思维力发展的方法
    - 会设计训练幼儿思维力的活动
    - 会玩、会分享、会总结、会运用

技能高考

一、选择题

(　　)1. 学前儿童容易掌握代表实际物品的概念，如“小汽车”“飞机”，不容易掌握比较抽象的概念，例如“交通工具”，这反映出学前儿童的思维具有________特点。

A. 表面性　B. 具体性　C. 形象性　D. 固定性

(　　)2. “爷爷总是长着白胡子，奶奶总是花白的头发”，反映学前儿童的思维具有________特点。

A. 片面性　B. 形象性　C. 具体性　D. 经验性

(　　)3. 幼儿开始萌发抽象思维能力的时期是________。

A.0~1 岁　B.1~3 岁　C.3~4 岁　D.5~6 岁

(　　)4. 当幼儿手里有一个娃娃时，他就会想起抱娃娃与过家家的游戏，当娃娃被拿走以后，他的游戏也就结束了。这说明学前儿童思维的________特点。

A. 直观行动性　B. 具体形象性　C. 抽象逻辑性　D. 漫无目的性

(　　)5. 幼儿认为物体会浮是因为它想洗澡，球会从椅子上滚下去，是因为它不愿意待在椅子上。这种判断是按________来进行的。

A. 直接的逻辑　B. 生活的逻辑　C. 客观的逻辑　D. 类比的逻辑

(　　)6. 幼儿中期以________为主。

A. 直观行动思维　B. 具体形象思维　C. 抽象逻辑思维　D. 创造性思维

(　　)7. 以语词为工具来进行的思维，利用概念、判断和推理形式进行的思维是________。

A. 直觉行动思维　B. 具体形象思维　C. 抽象逻辑思维　D. 创造性思维

(　　)8. 幼儿学会了 5+2=7 后，不经过进一步学习，不知道 2+5=7，说明幼儿________。

A. 理解事物依赖于感知动作

B. 只能理解事物的表面现象，不理解内在含义

C. 理解事物依赖于具体形象

D. 理解事物不合逻辑

(　　)9. “月晕而风，础润而雨”反映了思维的________。

A. 概括性　B. 组织性　C. 间接性　D. 直觉性

(　　)10. 青青听妈妈说：“那孩子长得真甜！”青青问：“妈妈，你舔过她吗？”这反映了青青________。

A. 思维的片面性　B. 思维的拟人性　C. 思维的不可逆性　D. 思维的表面性

(　　)11. 儿童学习概念的主要方式是________。

A. 通过生活实践　B. 自己总结　C. 向成人学习　D. 通过阅读

(　　)12. 儿童思维方式的变化发展，与思维所用工具的变化相联系，直觉行动思维所用的工具主要是________。

A. 感知动作　B. 表象　C. 判断　D. 概念

(　　)13. 问儿童“1 加 1 等于几”，儿童可能无法回答，但假设问“1 个苹果加 1 个苹果等于几个苹果”，

他就比较容易做出回答，这是儿童________的表达。

A. 动作思维　　B. 形象思维　　C. 逻辑思维　　D. 发散思维

（　　）14. 儿童从会算“2 个苹果加 3 个苹果等于 5 个苹果”，上升到“2+3=5”的思维变化，思维的发展趋势是________。

A. 从动作思维到形象思维　　B. 从形象思维到抽象思维

C. 从发散思维到集中思维　　D. 从常规性思维到创造性思维

（　　）15. 思维反映的是________。

A. 事物的个别属性及事物与事物之间的相互联系

B. 事物的一般特性及事物与事物间的外部联系

C. 事物的一般特性及事物与事物间的规律性联系

D. 具有一定需要的主体的人和客观事物之间的联系

二、判断题（正确的打“√”，错误的打“x”）

（　　）1. 思维是在感知觉的基础上产生和发展起来的。

（　　）2. 直观行动性和具体形象性是幼儿思维的主要特征，所以在教学中我们不能涉及需要动用抽象逻辑思维的内容。

（　　）3. 幼儿期的思维主要处于直觉行动思维的水平，在整个幼儿期内，思维的特点在不断发展变化着的，体现了从直觉行动思维向具体形象思维和抽象逻辑思维发展的趋势。

（　　）4. 思维的产生和发展促进了幼儿情感、意志和社会性的发展。

（　　）5. 人们在学习、工作和生活中，当碰到一时不能解决的问题时，会说“让我想一想”“想”就是指记忆活动。

三、案例分析

小明是个 3 岁的孩子，活泼可爱。可令其父母不解的是小明无论做什么事情之前从不爱多思考。比如，玩插塑时，让他想好了再去插，而他却是拿起插塑就开始随便地插，插出什么样，就说插的是什么。在绘画或要解决别的问题时也是这样。父母认为这样不好，总是要求孩子想好了再去行动，可小明却常常做不到。

试问父母的态度和行动对吗？请从儿童思维发展的角度分析小明的这一类行为，并为小明的父母提出科学的教育建议。

参考文献

［1］沈雪梅 . 学前儿童发展心理学［M］. 北京：北京师范大学出版社，2016.

［2］曹中平 . 学前心理学［M］. 湖南：湖南师范大学出版社，2019.

［3］陈帼眉，冯晓霞，庞丽娟 . 学前儿童发展心理学［M］. 北京：北京师范大学出版社，2013.

［4］刘新学，唐雪梅 . 学前心理学［M］. 北京：北京师范大学出版社，2014.

活动 7　探究幼儿言语能力的发展

活动导读

幼儿期是人一生中掌握语言最迅速，也是最关键的时期。抓紧这个时期发展幼儿的语言能力，对人一生的语言发展将起到重要作用。首先要理解言语和语言的区别，熟悉语言学本身的内在规律及其在教学上的要求；还要探究幼儿言语发展的特点，掌握规律；再根据幼儿的整体特点创设语言发展的环境，潜移默化的发展幼儿的言语能力。

学习目标

1. 理解言语和语言的概念及区别。
2. 熟悉幼儿言语发展的各个阶段。
3. 掌握幼儿言语能力的培养方法。

内容结构

学前构建	学后归纳
探究幼儿言语能力的发展 — 体验幼儿言语能力的发展 — 分析幼儿言语能力的发展特点 — 梳理培养幼儿言语能力发展的方法 — 练习培养幼儿言语能力的发展	

任务1 体验幼儿言语能力的发展

案例导入

4岁的欢欢在和姐姐玩青蛙玩偶。

欢欢："姐姐，青蛙要去哪里啊？"

姐姐："去找妈妈啊。"

欢欢："可它就是妈妈啊。"

姐姐："那小青蛙去哪儿了？"

欢欢："没有小青蛙，只有小蝌蚪。我给你讲小蝌蚪找妈妈的故事吧。小蝌蚪问鲤鱼，你是我妈妈吗……"

欢欢和姐姐的对话，就是幼儿游戏中常见的对话言语。

一、说一说语言和言语概念

语言是社会现象，是人类在社会实践中发展起来的交际工具，是一种约定俗成的符号系统。通常包括音、形、义、词汇、语法等要素。

言语是心理现象，是人们运用语言材料和语言规则所进行的交际活动的过程。人们运用一定的语言，进行各种形式的交际，或者说出，或者写出，对方或者聆听，或者阅读。这种说、写、听、读，就是不同形式的言语过程。

二、想一想语言和言语的区别与联系

日常生活里，人们往往将"言语"与"语言"两个概念混淆起来使用。其实，这两者是既有联系又彼此不同的两个概念。

区别：

1. 语言是工具，言语则是对这种工具的运用。

2. 语言是社会现象，具有较大的隐蔽性；言语是心理现象，具有个体性和多变性。

联系：

1. 言语离不开语言。个体只有遵循语言中的词汇和语法结构规则，才能正确表达自己的思想和情感。

2. 语言也离不开言语。任何一种语言都必须通过人们的言语活动才能发挥它交际工具的作用。语言的发展、完善、更新，都离不开人们的言语活动。

三、理一理言语的分类

根据语言的表现形式不同，言语可分为外部言语和内部言语，外部言语又可以分为口头言语和书面言语。

（一）外部言语

1. 口头言语——通过人的发音器官所发出的语音信息来表达思想感情的言语。分为对话和独白。

对话是两个人或更多的人共同参与的言语活动，它是在一定情景下产生的，具有明显的情境性。

独白是一个人独自进行的言语活动。

例如，在幼儿的日常生活中，人们常常可以发现，有的幼儿单独游戏，玩到高兴时，会自言自语："这是山……挖好了……这是河……挖好了。河上边应该搭座桥，桥搭这儿……桥搭成了，河水在下边慢慢流……"也有的幼儿，有时独自安静地躺在床上或坐在桌前自言自语，似乎在讲什么特别有趣的事情。

2. 书面言语——书面言语是借助于文字来表达思想感情、传授知识经验的言语。幼儿掌握书面言语通常要经过三个阶段，即识字、阅读、书写。

（二）内部言语

内部言语是个体内心"无声的言语"，通常我们思考问题时候所运用的都是内部言语。其显著特点是隐蔽性和简略性。

隐蔽性是指不需要经过发音器官。简略性则指不需要像外部言语那样连贯和详尽，可以简略和概括。

幼儿内部言语发展的过程中，常常出现一种出声的自言自语。例如，幼儿在搭积木时边搭边说："这个放在下面，这个放在上面做屋顶。"

幼儿自言自语的形式主要有两种：

1. 游戏言语

这种语言的特点是比较完整、详细，有丰富的情感和表现力。幼儿一面做各种游戏动作，一面说话，用语言补充和丰富自己的行动。在绘画活动中也常常有这种情况，用语言来补充不能画出的情节。

2. 问题言语

这种语言的特点是比较简短、零碎，常常在遇到问题或困难时出现，表示困惑、怀疑、惊奇等等。然而，这时所提出的问题并不要求别人回答。当幼儿找到解决问题的办法时，还会用这种语言表示自己的思维过程和采取的办法。例如，在拼图过程中，幼儿自言自语地说："把这个放在哪里呢？……不对，应该这样。……这是什么？……就应当把它放在这……"

四、论一论发展幼儿言语能力的作用

言语的发展几乎影响着幼儿发展的所有方面，对幼儿心理发展具有极为重要的作用。

（一）参与认知过程的发展

婴幼儿在掌握语言之前，要认识一个物体的特征，必须对该物体的各部分和各个特征逐一进行详细的感知，他们用手摸、抓起来玩弄着看、放进嘴里咬，甚至把东西拆了……而当他们掌握了语言以后，成人就可以借助言语，帮助婴幼儿更好地观察周围世界。成人在传授知识技能、解释行为规则时，都需要语言表达。语言的参与使婴幼儿的认识过程发生质的变化。

幼儿言语能力的发展过程，往往也是认知世界的丰富和深化过程。幼儿很好地掌握了语言，智力才能得到充分的发展。

（二）促进幼儿的社会化

幼儿掌握语言的过程是幼儿社会化的过程。幼儿的语言是为交际而产生的，也是在交际过程中发展的。幼儿通过言语与他人交流信息，表达自己的意愿，满足个人的需求。幼儿在交际过程中学到的社会经验等知识，既有利于幼儿性格的形成，又能促进幼儿言语交际能力的发展，从而较好地实现社会化。

（三）调节心理活动及行为

通过言语活动，幼儿可以对自己的心理活动和行为进行调节，即自我调节功能。幼儿言语的调节功能最初是受成人语言调节的，后来出现“自言自语”的出声言语调节，再后来才出现用内部语言进行自我调节。当幼儿能对自己认识过程中的种种因素进行综合分析时，才能对认识过程进行调节。

精华提炼

拓展阅读

幼小的儿童没有内部言语。因为，首先他们不能控制自己的动作系统，包括发声系统。他们想做时就行动起来，想说时就说出声音。其次，他们不会独自在头脑中进行思考，而要依靠外界条件的帮助，特别是需要在交谈中进行分析综合和调节自己的行动。

4 岁以后，幼儿开始学习用内部言语。据史蒂文森的研究，在幼儿完成选择和折叠布料的坚持性任务中，4 岁左右的幼儿在工作过程所运用的语言，从公开转变为隐蔽。6 岁女孩说话（说出的语言）明显地减少。男孩发展比女孩稍晚。

由此可见，4~6 岁是内部语言发展的关键期，然后在小学阶段迅速发展，并且贯穿于人的一生，不断发展和完善的。幼儿的内部言语是在外部言语充分发展的基础上逐渐发展起来的。内部语言的发展一般分为三个阶段：①出声思维阶段；②过渡阶段；③无声思维阶段。

——整理节选《小学儿童教育心理学》，李维

任务2　分析幼儿言语能力的发展特点

案例导入

3岁的果果睡觉前听完妈妈讲故事，想要吃个苹果，妈妈就说："不要吃啦，苹果都睡啦。"果果说："不会的，小苹果可能睡了，大苹果肯定没有睡。"因为她觉得大苹果是小苹果的妈妈，妈妈不会睡那么早。

幼儿对语词的理解与成人有很大区别，显得幼稚、肤浅，更谈不上很好地运用。下面一起分析一下幼儿言语发展的特点吧。

一、理一理幼儿言语能力发展的阶段

幼儿期是儿童语言学习和发展的关键时期，同时语言发展又受幼儿认知发展水平的影响，因此，幼儿言语发展具有一定的阶段特点。幼儿言语发展主要经历了三个阶段：0~1岁是前言语阶段。1~3岁是言语发生阶段。2~3岁至6~7岁是儿童基本掌握口语的阶段。

（一）前言语阶段

在幼儿掌握语言之前，有一个言语发生的准备阶段，又称为前言语阶段。吴天敏等（1979）的研究认为，出生后第一年是言语发生的准备期，其中又可以分为三个小阶段：

1. 简单发音阶段（出生~3个月）。哭是儿童最初的发音，新生儿哭声停止的时候，可以发出声音。2个月以后，婴儿不哭时也开始发音，当成人引逗时，发音更为明显。这阶段的发音是一种本能行为，天生聋哑的儿童也能发出这些声音。

2. 连续音节阶段（4~8个月）。这一阶段，婴儿发音明显增多。当他吃饱、睡醒、感到舒适时，常常会出现发音现象。发出的音节中，声韵母出现并增多，而且连续重复同一音节，如ba-ba-ba（爸爸）,ma-ma-ma（妈妈）等，父母常常以为婴儿会叫人了，而高兴不已。其实不然，对于这个阶段的婴儿而言，这些音还不具有符号意义。但如果成人引导这些音节与相应人物联系起来，久而久之形成条件反射，使音节开始赋予了意义。

3. 学话萌芽阶段（9~12个月）。这一阶段，婴儿开始增加了不同音节的连续发音，音调也多样化起来，四个声调均已经出现。婴儿逐渐模仿成人的语音语调。这标志着儿童学话的萌芽。在成人的引导下，婴儿开始能够把相关语音和相应事物联系起来，用相关的声音表示某些意思，但是此时他们能够发出的词音也很少。

（二）言语发生阶段

1~3岁，是言语发生的时期。其中又可分为两个小阶段。

第一个阶段是：理解语言迅速发展阶段（1岁~1岁半）在这个阶段，儿童理解的语言大量增加。但是，说出的语词很少，甚至出现一个短暂的相对沉默期。这时，儿童只用手势和行动示意，不开口说话，甚至停止了独处时的自发发音活动。

第二个阶段是：积极说话发展阶段（1 岁半 ~3 岁）

幼儿似乎突然开口说话的积极性很高，语词大量增加，语句的掌握也迅速发展。

（三）基本掌握口语阶段

三岁以后，是幼儿基本掌握口语阶段。3 岁左右的幼儿，由于听觉不够灵敏，还不能区分差别较小的声音；同时，他们的发音器官发育尚未完善，控制发音器官的能力较差，还不会运用发音器官的某些部分，所以有不少声音发不准。4 岁以后，幼儿逐渐能够控制发音的部位，在正确的教育和训练下，他们能基本掌握全部语音，只有个别幼儿对个别较难的发音仍感到困难。到 6 岁，幼儿的发音一般已没有什么问题。

二、析一析幼儿语言能力的发展特点

幼儿的言语发展具有哪些独特性呢？对这一问题的探讨不仅可以帮助我们更清晰地认识幼儿言语的发展规律，更能为教育工作者的幼儿语言教育工作提供指导。因为语言的结构或基本成分包括语音、词汇和语法等方面。我们要学习幼儿言语发展的特点，必须从幼儿语音、词汇、语法和口语表达能力等方面入手。

（一）幼儿语音发展的特点

关于幼儿掌握语音的特点，我国心理学工作者对 3~6 岁幼儿的发展进行了研究，总结出以下特点：

1. 3~6 岁幼儿发音的正确率和年龄紧密相关

3~6 岁幼儿发音的正确率随年龄的增长而提高，错误率随年龄的增长而不断下降。随着幼儿发音器官的进一步成熟，语音听觉系统以及大脑机能的发展，幼儿的发音能力迅速增强。3~4 岁为语音发展的飞跃期，在正确教育条件下，他们几乎可以学会世界各民族语言的任何发音，此后发音就趋于稳定。

2. 对韵母发音的正确率高于声母

大多数 3 岁以上的幼儿对声母的发音不感到困难，部分 3 岁幼儿不容易发清辅音。这是因为辅音要依靠唇、齿、舌等运动的细微分化。据有关研究表明，幼儿主要在发“zh”“ch”“sh”“z”“c”“s”等辅音声母上发生错误，其错误往往是幼儿把需要用舌尖后位的“zh”“ch”“sh”，发成舌尖前位的“z”“c”“s”或者发成舌面的“j”“q”“x”，从而出现把“老师”叫成“老西”“吃饭”说成“七饭”的现象。

3. 3~6 岁幼儿语音的正确率与所处社会环境有关

制约幼儿发音水平的因素，除了发音器官的成熟程度外，还有社会环境的影响。

有学者在调查中发现，同一方言地区中城乡幼儿发音的正确率有较大差异，这说明教育条件、家庭环境等也会影响幼儿的正确发音。

4. 语音意识明显增强

幼儿语音意识明显发展主要表现在他们对别人的发音很感兴趣，喜欢纠正、评价别人的发音，还表现在很注意自己的发音。语音意识的发生和发展使幼儿学习语言的活动成为自觉、主动的活动，无论是对学习汉语还是学习外语来说，都是必要的。

（二）幼儿词汇发展的特点

幼儿期词汇的发展主要是通过口语词汇的掌握而体现的。幼儿对词汇的掌握主要表现在词汇数量的增加、词类范围的扩大，以及对词义的深化等方面。

1. 词汇数量的增加

幼儿3岁时可掌握800~1000个词，4岁时可掌握1600~2000个词，5岁时可增加到2200~3000个词，6岁时可掌握3000~4000个词。一般来说，3~6岁幼儿的词汇量是呈直线上升的趋势，其中3~4岁时词汇量的年增长率最高。

2. 词类范围扩大

词类范围的扩大体现在幼儿掌握各类词的顺序和词语的运用两个方面。

首先，是幼儿掌握各类词的顺序。幼儿先掌握的是实词，其中最早和大量掌握的是名词，其次是动词，再次是形容词。其他实词如副词、代词、数词，虚词如连词、介词、助词、语气词等等，幼儿掌握较晚，它们在幼儿词汇中的比例也较小。

其次，是词类的运用。幼儿词类运用一般体现在“词频率”上。“词频率”就是指使用词的频繁程度。在各类词中，幼儿使用频率最高的是代词，其次是动词和名词。

3. 词义的深化

（1）从部分的、个别的语义向掌握全面的语义特征发展。幼儿对词的最初理解是不全面的，只是掌握了词的部分的、个别的语义，出现了理解词的“泛化”和“窄化”现象。随着年龄的增长，逐渐向掌握词的全面语义发展。

（2）从一个词的单义向多义发展。幼儿最初只能掌握词的本义，不能理解词的多义，随着年龄的增长，幼儿对词的理解逐渐由单义向多义发展。

（3）幼儿的词汇有消极词汇和积极词汇之分。

拓展阅读

积极词汇是指幼儿既能理解又能正确使用的词汇。消极词汇是指幼儿能理解但不能运用的词汇，实际上理解也是不深不透的。

整个幼儿期，积极词汇仍小于消极词汇。随着年龄的增长，随着幼儿对词意理解的加深和表达能力的发展，消极词汇会逐渐减少，积极词汇不断增长。幼儿已经掌握了许多积极词汇，但也有不少消极词汇，因此常常发生乱用词的现象。例如，把“粗”说成“胖”，把“解放军”一词与“军队”混用，以致把敌军说成“敌人解放军”等等。所以在教育上应注重幼儿的积极词汇，促进消极词汇向积极词汇转化，不要仅仅满足于幼儿会说多少词，而更重要的是看幼儿是否能正确地理解和使用这些词。

（三）幼儿句型发展的特点

幼儿在掌握语音和词汇的基础上，要通过不同的句型来表达不同的含义和要求，因此，接下来我们进一步了解幼儿句型发展的特点。

1. 从不完整句到完整句

（1）不完整句

最初，幼儿句子的结构是不完整的，其中包括单词句和电报句。

单词句是指用一个词代表的句子。一般出现于 1 岁 ~1 岁半，例如，当儿童说“球球”这个词时，可能是他看到球了单纯地说出球的名字，也可能是他想要玩球……

电报句又称双词句，是由 2 个单词组成的不完整句，有时也由 3 个词组成，一般出现于 1 岁半 ~ 两岁。例如，“妈妈坐”“吃饼饼”“脱鞋鞋”等。

（2）完整句

幼儿到 2 岁以后，开始能够说出比较完整的句子。幼儿使用完整句的数量和比例均会随其年龄的增长而不断增加。到 6 岁左右，98% 的幼儿能使用完整句。完整句又可分为简单句和复合句。

2. 从简单句到复合句

2 岁以后幼儿的简单句逐渐增加；到 3 岁以后，句子的长度、复杂性和语法的正确性都有了快速增加。例如，他们自己注意并理解了“爸爸亲亲”和“亲亲爸爸”完全不同。

3. 从无修饰句到有修饰句

幼儿最初的句子是没有修饰语的。如“宝宝起床了”“车车跑了”。2~3 岁儿童的语言会开始出现一些简单的修饰语，如“两个姐姐坐车车”。3 岁儿童的语言开始出现复杂修饰语，如“我玩的小兔子”。2 岁儿童运用修饰语的仅占 20%，3 岁儿童运用修饰语就已经占到了 50%，4 岁以后，有修饰语的语句开始占主导地位。因此，3~3.5 岁是复杂修饰语句数量增长最快的时期，也是从简单句到复杂句的转折时期。

4. 从陈述句到非陈述句

幼儿最初掌握的是陈述句。在整个学前期，简单的陈述句仍然是基本的句型。幼儿常用的句型除陈述句外，还有疑问句、祈使句、感叹句等。从陈述句到非陈述句的句型变化反映了幼儿句子功能的发展趋势。由于生活的需要，2 岁儿童的语言就出现了简单疑问句，如：“锁门干吗？”随着年龄的增长，幼儿语言中的疑问句数量也逐渐增加。5 岁左右，幼儿的语言出现许多具有因果关系的问句。

5. 语句结构的变化

有研究者总结出幼儿期语句发展的一般趋势具体表现为：从混沌一体到逐步分化；句子结构从松散到逐步严谨；句子结构由压缩、呆板到逐步扩展和灵活。幼儿句法结构的发展在 4~4.5 岁时比较明显，5 岁幼儿语句结构逐渐完善，6 岁时幼儿语句结构水平显著提高。

（四）幼儿口语表达能力发展的特点

随着词汇的丰富和语法结构的逐渐掌握，幼儿的口语表达能力也逐步发展起来。具体表现如下：

1. 从对话语言逐渐过渡到独白语言

口语可分为对话和独白两种形式。对话是两个人之间进行交谈，独白则是一个人独自向倾听者讲述。

3 岁以前的幼儿，多数时候是和成人在一起进行活动，这时儿童的言语都是采取对话的形式，例如，回答成人提出的问题，或向成人提出问题，或是表达自己的需求等。

随着年龄的增长，幼儿独立性开始发展起来，他们开始可以离开成人而参与各种活动，从而获得自己的经验、体会和感受等。这时，幼儿想要向成人表达自己的体验和感受，独白言语自然而然就出现了。

当然，幼儿的独白言语刚刚开始发展，水平还很低，尤其在幼儿初期。在科学的引导下，到了幼儿晚期，就能比较系统地、清晰完整地讲述所看到、听到的或经历的事情和故事了，语言能力突出的幼儿，甚至能够讲得绘声绘色。

2. 从情境性言语过渡到连贯性言语

对话言语是在交谈中进行的，基于对话是在交谈者了解的基础上才能进行，所以对话不需要连贯和完整，因此，对话时常用情境性言语。情境性言语大部分情况下需要结合具体情境，才能明白交谈者所要表达的意思，不然很容易断章取义，曲解他人意思，甚至有时候还需要交谈者运用相应的表情和手势作为辅助。

3 岁前儿童的语言都是对话式的，所以均为情境性言语。到了幼儿初期，他们的言语仍然具有 3 岁前儿童言语的特点。虽然已经开始独自讲述一些事情，但内容不完整，感兴趣的内容会反复讲述，还会没头没尾，让倾听的人摸不着头脑。例如，一个 3 岁的幼儿向奶奶讲述跟爸爸妈妈去海洋馆的经历时说："鱼有这么大（边说边比画），还有海龟，游来游去的，各种各样的颜色，真好看。爸爸带我去的，还有妈妈。"这种让倾听者要一边听一边看，还要猜想当时情境才能懂的言语，就是情境性言语。

与情境性语言不同的是，连贯性言语的语句完整，前后连贯，句子逻辑性强，使倾听者单单通过言语就能完全理解讲话人所要表达的意思。

一般来说，随着幼儿年龄的增长，在幼儿的言语中，连贯性言语的比例会逐渐高于情境性言语的比例。虽然幼儿期是幼儿从情境性言语向连贯性言语过渡的时期，但六七岁的幼儿已经能够比较连贯、系统地进行叙述活动。连贯性言语的发展是幼儿独白言语发展的基础，也是幼儿能够独立地、清楚地表达自己的思想的关键。因此，家长和教师应该促进这一过渡，提高幼儿连贯性言语的水平。

任务 3　梳理培养幼儿言语能力发展的方法

案例导入

幼儿：老师你看，我有新鞋子！

教师：是的，我看见了。很漂亮！告诉老师新鞋子是什么颜色？

幼儿：红的。

教师：说对了，再看看你鞋子边上那个叫什么？就是那个。（老师指着扣子）

幼儿：会留下红印子。

教师：我不是说这个，我是问那个东西叫什么？（又指扣子）

幼儿：不知道。

教师：那叫扣子。“扣子”会不会跟着我说？

幼儿：帮我扣起来。

教师：老师刚才说的那个奇妙的字叫作什么？

幼儿：老师，帮我……

教师：帮你干什么？

幼儿：帮我扣起来。

教师：仍固执地要幼儿说“那个叫什么？我刚才告诉你的”。

幼儿：沉默不语。

教师：（耐心）刚才我告诉你的，那个叫扣子。“扣子”，那个叫“扣子”！

幼儿：扣子！（当老师帮她扣好扣子，幼儿一言不发地跑开了）

在交流时，教师不停地指着扣子，不管幼儿说什么，她依然指着扣子，幼儿先是沉默不语，到最后一言不发地跑开了。这位老师没有真正起到一个引导者的作用，培养幼儿的语言能力是幼教工作者的一项非常重要的任务。作为幼教工作者要让幼儿学会说话，用准确的语言表达出自己的愿望，自由地与人交往，这样幼儿才能为以后的学习与生活奠定好基础。

一、培养幼儿言语能力的原则

言语能力是人类的一种潜遗传能力，这种能力如果在产生和发展的一定时期内得不到训练和培养的话，就会逐渐丧失。然而，发展幼儿的言语能力绝不仅仅是教幼儿认识多少字、背诵多少首诗词和阅读几篇文章，而是要对其进行综合培养。综合培养幼儿的言语能力时，要注意遵循以下几个原则：

（一）有的放矢，因材施教

4 岁以下幼儿思维的特点正是从感觉运动思维向前运算思维的过渡期，应着重培养他们感知和倾听语言的能力。4~5 岁幼儿处于以形象思维为主的前运算阶段，应注重对其感知和理解词义能力的培养训练，有意识地培养其积极问话、答话、对话、讲话（独白）等说话的能力。5~6 岁时幼儿的形象思维更加完善，抽象思维开始萌芽，培养讲述（如看图讲述、观察讲述以及续编讲述等）能力及初步的阅读能力是教育的重点。

（二）不拘一格，形式多样

促进幼儿言语能力发展的途径是多种多样的，有效利用幼儿日常生活中一切可以利用的机会和资源，开展多种形式的言语训练活动。例如，可以让幼儿汇报他们日常活动的内容，介绍游戏的过程，家庭生活，假日生活等；引导他们看图讲话、复述儿歌、编故事；帮助他们把熟悉的故事和儿歌编成小剧目并表演等等。

（三）正确示范，激励提升

给幼儿创造正确、规范、清楚的语言环境，鼓励幼儿在宽松、温暖的环境中接受语言，提升语言能力。这无疑能够在潜移默化中促进幼儿言语理解能力和表达能力的提高。

二、培养幼儿言语能力发展的方法

幼儿的语言是在实际的语言交流中发展起来的，运用多样化的教学策略，对于促进幼儿语言发展、提高语言能力是十分重要的。

（一）倾听能力的培养

就幼儿的语言学习和发展来说，倾听是一种必需的能力。幼儿的倾听能力是在教育过程中逐渐发展起来的，教育的重点应放在培养幼儿对语音、语调的感知和对语义的理解上。在这一过程中，幼儿应获得以下三种倾听技能：有意识倾听、辨析性倾听和理解性倾听。

1. 有意识倾听

即集中注意力地倾听，这种能力在幼儿刚入园时就可有意识地进行培养。教师与幼儿面对面地进行语言交流，帮助幼儿将语音与动作建立同步反应，久而久之幼儿会养成集中注意力倾听的习惯。

2. 辨析性倾听

辨析性倾听，即分辨不同的语音，语调和语气。婴幼儿的听力较成人更敏锐，他们能接收到成人不能接收到的频率刺激。因此，抑扬顿挫、绘声绘色的讲述更能吸引幼儿的关注，教师应注重随故事情节的转换而相应地改变语音、语调和语气。如讲述故事《三只小猪》，随着故事情节的逐步深入，教师就应该运用不同的语音、语调和语气来讲述，将故事情节逐步推向高潮，以吸引幼儿倾听。

3. 理解性倾听

理解性倾听，即掌握倾听的主要内容在日常生活和语言教育活动中，幼儿通过交谈、讲述和文学欣赏，逐渐学会正确地理解语言内容，增强了对语言运用、语词排列的敏感性，并在日常生活、游戏、学习、运动等活动中，对倾听到的不同语言结构不断地进行调整和重组。

（二）口语能力的培养

幼儿期是口头言语发展的最佳时期，口头言语发展得好，也能为其入学后掌握书面语言打下良好基础。以下是一些口语能力培养的具体建议。

1. 重视幼儿发音技能的培养

3~4 岁是幼儿的发音能力发展得最为迅速的时期，因此是加强训练的最佳时期。如对 3 岁幼儿容易混淆的音，“q”和“d”，“n”和“l”，平舌音“z、c、s”和翘舌音“zh、ch、sh”等，成人要注意经常和及时纠正他们的发音错误，但切记对发音不准的幼儿要有足够的耐心，要态度温和，避免让幼儿感到紧张和压力，造成口吃和习惯性不良动作。

2. 提供丰富的言语发展环境

儿童图书、童话故事等都是培养幼儿言语能力的良好材料。成人每天和幼儿的非正式交谈是促进幼儿言语发展的最重要条件，所以成人要尽可能抽时间和幼儿进行言语交流。幼儿是爱模仿的，所以成人之间的交谈也为幼儿提供学习语言的素材。成人之间的日常会话既有助于幼儿理解言语内容，也能帮助他们学习表达方式。家长的文化教育背景对幼儿的言语发展有直接影响。如果家庭成员之间的言语交流在内容上是健康、有思想性的，在表达方式上是理智、有礼貌的，那么就能为幼儿提供良好的范例。

3. 积极为幼儿创造交往条件、交往的需要

幼儿期的交往主要有亲子交往、同伴交往、师幼交往和与周围人的交往。

在亲子交往中，家长应该在照料婴幼儿的过程中尽早地和婴幼儿多说话，例如，跟小婴儿擦面霜时，就可以边擦边说：“先擦小额头，再擦小脸，再擦小鼻子……”

在同伴交往上，鼓励幼儿走出家庭与同龄儿童交流和玩耍，在游戏活动中，提升言语交流能力。

在师幼交往上，老师要创造机会鼓励幼儿勇于地表达自己的想法，耐心引导幼儿的言语表达，保护幼儿言语表达的积极性。

与周围人的交往上，鼓励幼儿礼貌用语，善于表达问候。例如，走亲访友时，提醒幼儿进门向长辈问好；外出玩耍时，幼儿想要玩别人玩具，家长要引导幼儿如何使用礼貌用语询问其他幼儿和幼儿家长等。

（三）书面语言能力的培养

从幼儿园语言教育目标出发，我们需要为幼儿提供三方面的书面语言经验，即前识字经验、前图书阅读经验和前书写经验。

1. 幼儿的识字准备——前识字经验

幼儿可以通过各种活动帮助自己获得前识字经验，提高文字的敏感度，激发文字学习的兴趣。例如，为了让幼儿了解某个文字的具体含义，可以先教读，再与生活中的口语对应起来。这样便于幼儿将文字与其他符号系统进行转换。例如，认识红绿灯这个图形标志，这个标志所代表含义，可以用相对应的语言文字来表现，如“红灯停，绿灯行，黄灯等一等”。同时，还应让幼儿了解文字和语言的多样性，了解到世界上的语言文字有很多种，相同意思的语句，可以用不同的语言文字来表达，所以不同语言文字之前还可以转化。

2. 前阅读经验

幼儿可以通过阅读图文并茂的绘本等图书获得前阅读经验。例如：绘本、连环画、故事书等。这些生动形象的图画符合幼儿的年龄特征，可以激发幼儿阅读的兴趣，从而促进幼儿理解并学习文字。

3. 前书写经验

尽管在幼儿园教学中，不要求幼儿学习写字，但粗浅地获得一些有关汉字书写的经验也是有必要的，它可以帮助幼儿在进入小学以后的正式学习书写打下基础。例如，认识一些汉字书写的常用

工具：铅笔、钢笔、中性笔、毛笔，初步学会简单的书写工具的握笔姿势；养成良好的书写姿势等。

拓展阅读

案例：佳佳每天来到幼儿园，见到老师的第一句话确实是："老……老师好，我奶……奶送我来的。"每当与同伴交流时，一下就能辨出他与众不同的声音："我……我的绘画完成了，你……你看漂亮吗？"为此，经常引来幼儿的笑声，有的幼儿还跑来询问我："老师，佳佳为什么总要这么讲话呢？"然后仿照着佳佳的模样，接着引来一阵笑声，他们感到好奇，好玩。

案例中出现的现象是幼儿期口吃，该常常出现在2~4岁。有几种因素会导致口吃：

1. 生理原因

由于2~4岁儿童的言语调节机能还不完善，连续发音有困难。随着年龄的增长，这种情况会有所缓解。

2. 心理原因

即因说话时过于急躁、激动和紧张造成的。说话过程是表达思想的过程，在"思想"转换成言语的过程中，可能会因为找不到合适的词汇和更好的表达形式而感到焦急，也可能会因为发音的速度赶不上思想闪现的速度而造成二者的脱节。

3. 模仿

幼儿的口吃常有很大的"传染性"。因为他们的好奇心强，爱模仿，班上某个幼儿偶尔出现"口吃"会使他们觉得有趣而加以模仿，最后不自觉地形成习惯。

一般在五岁之前不治自愈，也有的幼儿可能在慌忙时有些口吃，但通常不至于影响交往。爸爸妈妈过于紧张，过于关注、急于纠正等都是不妥当的。

做法：

1. 不要讥笑、斥责、打骂或惩罚幼儿，任何加重幼儿紧张心理的做法都是不可取的哪怕是无意识地要求幼儿也是错误的；

2. 要有足够的耐心，关注点不要放在幼儿"话说得怎么样"上，而是要鼓励其敢于张口，且不要着急，慢慢说出自己的想法；

3. 根据幼儿言语表达的情况，可以教他朗诵歌谣，念"顺口溜"，给幼儿讲笑话、讲故事。幼儿在玩耍时是最放松的，可以边玩边说，注意力放在动作上时（注意分散），也能有效地缓解口吃现象；

4. 培养幼儿健康的性格，开朗、大胆、自信的幼儿即便发生过口吃，因为其注意力不集中在内心感受上，一般能较快地得到改善；

5. 告诫幼儿不要模仿有口吃的人说话。

——整理节选《幼儿心理学》，李红

任务 4 练习培养幼儿言语能力的发展

一、口述或抄写培养幼儿言语能力发展的方法

二、设计一节训练幼儿言语能力的游戏活动

范例	学生设计活动
游戏名称：《词语接龙》（大班） **游戏目的：**训练幼儿的言语能力。 **游戏准备：**幼儿有一定的词语积累量。 **游戏方法：**以第一个词为基础，按所有的词首尾相连的原则，组一词串。如：第一个词为“天空”，则可接“空气”，再往下接“气球”等。 **游戏规则：**在 15 秒之内要完成词语接龙，并且不能重复之前的词语	**游戏名称：** **游戏目的：** **游戏准备：** **游戏方法：** **游戏规则：**

三、试玩游戏活动

1. 全班分为两组。
2. 一组表演，另一组倾听，观察，计时。
3. 接龙词语多的小组获胜，并发放小红花。

四、分享体会

1. 分享游戏心得。
2. 总结培养幼儿言语能力发展的方法和注意事项。

拓展阅读

幼儿园语言教育的总目标

教育部颁布的《幼儿园教育指导纲要（试行）》中对语言领域提出了以下目标：

第一，乐意与人交谈，讲话礼貌；

第二，注意倾听对方讲话，能理解日常用语；

第三，能清楚地说出自己想说的事；

第四，喜欢听故事、看图书；

第五，能听懂和会说普通话。

理解《幼儿园教育指导纲要（试行）》的语言教育目标，可以把幼儿园语言教育总目标划分为四个大方面，即倾听、表述、欣赏文学作品和早期阅读，并且从以下几个方面对幼儿实施教育。

1. 养成幼儿注意倾听的习惯，发展他们的语言理解能力。倾听是儿童感知和理解语言的行为表现，是幼儿语言学习和发展不可缺少的一种行为能力。懂得倾听、乐于倾听并且善于倾听的人，才能真正理解语言的内容、语言的形式和语言运用的方式，掌握与人进行语言交流的技巧。

2. 鼓励幼儿大胆、清楚地表达自己的想法和感受，尝试说明、描述简单的事物或过程，发展思维能力和语言表达能力。以一定的语言内容、语言形式以及语言运用方式表达和交流个人观点的行为，是幼儿语言学习和语言发展的主要表现之一。只有懂得表述的作用、愿意向别人表述自己的见解，并且具备表述能力的人，才能真正与人进行语言交际。

3. 引导幼儿接触优秀的儿童文学作品，使之感受语言的丰富和优美，并通过各种活动帮助幼儿加深对作品的体验和理解。幼儿在学习文学作品中形成的综合的语言能力，能够增强他们对语言核心操作能力的不同层次的敏感性。因此，要尽可能地给幼儿创造学习各种文学作品的机会。

4. 培养幼儿对生活中常见的简单标记和文字等感兴趣。利用图书、绘画和其他多种方法，引发幼儿对书籍、阅读和书写的兴趣，培养阅读和前书写技能。

——整理节选《幼儿园教育指导纲要（试行）》

思维导图

- **探究幼儿言语能力的发展**
  - 体验幼儿言语能力的发展
    - 概念:语言是一种约定俗成的符号系统，言语是人们运用语言材料和语言
    - 语言与言语的区别：语言是工具，言语是工具的运用；语言是社会现象，言语是心理现象
    - 语言与言语的联系：相辅相成
    - 言语的分类：外部言语（口头言语、书面言语）、内部言语（游戏言语、问题言语）
  - 分析幼儿言语能力的发展特点
    - 幼儿言语发展的阶段：前言语阶段、言语发展阶段、基本掌握口语阶段
    - 幼儿言语阶段的发展特点：语音错误率逐渐下降，语言意识增强；词汇量增加，词类范围扩大，词义加深；语句结构不断完善；口语表达从对话语言逐渐过渡到独白语言，从情境性语言过渡到连贯性言语
  - 梳理培养幼儿言语能力发展的方法
    - 培养幼儿言语能力的原则：有的放矢、因材施教、不拘一格、形式多样、进行正确示范
    - 培养幼儿言语能力发展的方法：倾听能力、口语能力、书面语言能力
  - 练习培养幼儿言语能力的发展
    - 口述培养幼儿言语能力发展的方法
    - 设计训练幼儿言语能力的游戏活动
    - 试玩游戏活动，分享体会

技能高考

一、单项选择题

(　　) 1. 言语和语言不同，言语是________。

A. 社会现象　B. 自然现象　C. 交流活动　D. 民族语言

(　　) 2. ________是指一个人自己对自己发出的声音。

A. 口头言语　B. 书面言语　C. 演讲　D. 内部言语

(　　) 3. ________是口头言语发展的关键时期。

A. 婴儿期　B. 学龄期　C. 幼儿期　D. 儿童期

(　　) 4. 幼儿掌握的词汇中，所掌握的词类最多的是________。

A. 名词　B. 动词　C. 形容词　D. 连词

(　　) 5. 从词性上讲幼儿对________掌握最早。

A. 名词　B. 动词　C. 形容词　D. 代词

(　　) 6. 幼儿发音的错误大多发生在________上。

A. 元音　B. 辅音　C. 前鼻音　D. 齿音

(　　) 7. 幼儿语言发展中最早产生的句型是________。

A. 陈述句　B. 疑问句　C. 祈使句　D. 感叹句

(　　) 8. 幼儿语言最初是________的。

A. 对话式　B. 独白式　C. 连贯式　D. 创造性

(　　) 9. 幼儿自言自语的表现有两种形式，一是问题语言，一是________。

A. 情境语言　B. 对话语言　C. 游戏语言　D. 交际语言

(　　) 10. 根据幼儿心理发展特点，“前读写”阶段主要完成的任务是________。

A. 培养读写兴趣　B. 严格要求

C. 主要指出缺点和不足　D. 尽可能多识字

二、判断题（正确的打“√”，错误的打“x”）

(　　) 1. 幼儿期是一生中词汇量增加最快的时期。

(　　) 2. 儿童的自我中心语言就是内部语言。

(　　) 3. 幼儿口头表达能力的进一步发展体现在从对话言语逐渐过渡到独白言语，从连贯性言语过渡到情境性言语。

(　　) 4. 对待幼儿出声的自言自语，成人正确的处理方式是将其发展为真正的内部言语。

(　　) 5. 幼儿是在听和说的过程中逐步使自己的表述符合语法规律。

(　　) 6. 4~5 岁的幼儿在正确的教育和影响下，能够清楚地发出母语的全部语音，并能听懂更多较为复杂的句子，理解一段话的意思。

(　　) 7. 幼儿口语的发展主要表现在语音、语法、词汇、口语表达能力及语用技能的发展等方面。

(　　) 8. 1~1.5 岁属于单词句阶段，基本上是以词代句。

(　　) 9. 人们常说的“打腹稿”是内部言语。

（　　）10. 幼儿口吃的发生主要与心理状态有关，一般女孩多于男孩。

三、案例分析

最近，小华的母亲非常着急，4 岁的小华出现了口吃的现象，尽管母亲多方矫正，甚至取笑打骂都无济于事。请分析一下小华出现口吃的原因以及矫正儿童口吃应该遵循的主要原则。

参考文献

[1] 李维. 小学儿童教育心理学 [M]. 北京：高等教育出版社，1996.

[2] 朱智贤. 林崇德思维发展心理学 [M]. 北京：北京师范大学出版社，2002.

[3] 李红. 幼儿心理学 [M]. 北京：人民教育出版社，2007.

[4] 王振宇. 幼儿心理学 [M]. 北京：人民教育出版社，2009.

[5] 中华人民共和国教育部. 幼儿园教育指导纲要（试行）[S]. 北京：北京师范大学出版社，2001.

活动 8 探究幼儿情绪情感的发展

活动导读

良好的情感和健康的情绪有益于幼儿身心的健康成长，也有利于幼儿良好性格的培养。儿童年龄越小，这种影响就越大。幼儿的情感教育依赖于幼儿的亲身体验和教师的诱导，因此作为幼教工作者，我们首先要了解情绪和情感概念，再探究幼儿情绪和情感发展的特点，掌握规律；并能运用有效策略促进幼儿健康情绪的发展。

学习目标

1. 理解情绪和情感的含义及情感的种类。
2. 掌握幼儿情绪的发展特点。
3. 掌握幼儿良好情绪和情感的培养方法。
4. 能够运用情绪和情感发展特点进行教育活动。

内容结构

学前构建	学后归纳
探究幼儿情绪情感的发展 — 体验幼儿情绪情感的发展 — 分析幼儿情绪情感的发展特点 — 梳理培养幼儿情绪情感发展的方法 — 练习培养幼儿情绪情感的发展	

任务1　体验幼儿情绪情感的发展

案例导入

一天早晨，小朋友们正在进行区角活动，丫丫不小心把采蘑菇的篮子打翻了，蘑菇散落了一地。这时，阳阳看到了就跑了过来帮她把蘑菇捡到篮子里。教师及时表扬了阳阳，并奖给他一幅小贴画。这一天，阳阳都很开心，各方面的表现都很好。

另一天餐前活动时，小朋友们将插塑玩具做成了火车、照相机等各种东西，大家玩得很投入。阳阳拿着他做的小手枪跑过来说："老师，你和我一起玩吧。"这时，东东跑过来撞掉了阳阳的小手枪，阳阳伤心地哭了。

阳阳因帮助丫丫而受到教师的表扬，产生了"开心"的心情；而当阳阳的小手枪被撞到地上，他产生了"伤心"的心情。这种"开心"或者"伤心"，就是情绪和情感。

一、说一说情绪和情感的概念

情绪和情感是人对客观事物是否符合个人需要而产生的态度体验。当客观事物作用于人时，人会对客观事物产生一定的态度，肯定或否定的内心体验都属于情绪和情感。

情绪情感是以个体的愿望和需要为中介的一种心理活动，人对客观事物的一种普遍的反映形式。

二、想一想情绪和情感的区别与联系

情绪和情感是相互区别又相互联系的两个概念。

（一）联系

情绪依赖于情感，情绪的变化受情感的制约；情感又是在情绪的基础上形成，同时又通过情绪表现。离开了具体的情绪过程，人的情感及其特点就不可能现实地存在。因此，可以说情绪是情感的外在表现，情感是情绪的本质内容。此外，同一种情感在不同的条件下可以有不同的情绪表现。例如，当一个人受过集体主义教育并形成爱集体的情感之后，看到集体取得一定成绩会非常兴奋和喜悦，看到集体遇到困难时会非常着急和忧虑。

（二）区别

情绪和情感在需要的角度、发生的时间、稳定性、表现形式四方面存在一定区别（见表 8-1-1）。

表 8-1-1 情绪和情感的区别

类型		情绪	情感
区别	需要角度	由自然性需要引起的较低级的简单体验，人和动物共有的	由社会性需要引起的高级且复杂的体验，人类所独有的
	发生时间	发生得较早	发生得较晚
	稳定性	情绪不稳定，具有较大的情景性、激动性和暂时性	情感具有较大的稳定性、深刻性和持久性
	表现形式	情绪一般发生得迅速、强烈而短暂，有强烈的生理变化，有明显的冲动性和外部特征	情感比较内隐，多以内在体验的形式存在

三、理一理情绪和情感的分类

由于情绪情感自身的复杂性，各大学者在情绪分类问题上观点不尽相同。心理学家研究婴幼儿的情绪，也提出了各自不同的观点。

（一）根据情绪情感的基本状态分类

根据情感发生的强度、速度、紧张度和持续性不同，可以把日常生活中人们的情感分为心境、激情和应激。

1. 心境

心境是在一段时间内使人的一切体验和活动都染上情绪色彩的、比较轻微而持久的情感状态，通常人们称之为心情。这样情感状态如果出现了就不仅仅会表现在某一特定对象上，而会弥散开来。它会在一时间段内使人的整个生活都会蒙上这种情感色彩，心理事件也容易受到这一情感色彩的影响。例如，心境良好时，自己周围一切人和物都赏心悦目；心境不好时，再优美的环境也会让人无心欣赏。所谓“忧者见之则忧，喜者见之则喜”，指的就是心境。心境有积极和消极之分。

2. 激情

激情是迅猛爆发、激动而短暂的情绪状态。激情通常在意外或对立意向冲突事件中表现出来，情绪激烈，但短暂，而且牵扯的面不广。激情外部表现特征是很明显的，比如欣喜若狂，暴跳如雷等都是。激情也有积极和消极之分的。

3. 应激

应激是在突然出现紧张情况时产生的情感状态。人们遇到某种意外危险或面临某件突发事故时，他们必须集中自己的智慧和经验，动员自己的全部力量，迅速做出反应、采取行动。这时人的身心处于高度紧张状态，即应激状态。例如，汶川大地震时，教师们临危不惧，迅速疏散学生。应激状态是行为的保护机制，但会损害人的健康。如果一个人长期处于应激状态，体内的生化环境就会失调，抵抗疾病的能力就会下降，最终将导致疾病。

（二）根据情绪情感的社会性内容分类

在人类社会历史发展过程中形成的人的情感多种多样，它具有人所特有的社会性，反映人们的社会关系和社会生活状况，并对人的社会行为起着积极或消极的作用。人的社会性情感主要有道德感、理智感和美感。

1. 道德感

道德感是一个人依据一定的道德需要和规范评价自己和他人的言行时所产生的内心体验。道德感包括热爱祖国、热爱人民、热爱社会的情感，集体荣誉感、责任感、同情感等都是与道德相联系的情感。如果自己的言行符合一定的道德标准，个体就会产生自豪、幸福、欣慰等肯定的情感体验；反之，就会产生不安、愧疚、悲愤等消极的情感体验。

道德感的发生和发展是伴随着人的社会实践活动而不断发展的。不同历史时代、不同社会制度、不同阶级具有不同的道德标准，所以人的道德感具有历史性、社会性和阶级性。

2. 理智感

理智感是人在智力活动过程中认识和追求真理的需要是否得到满足而产生的情感体验。这类情感往往体现在人的对未知事物的好奇心、求知欲和认识兴趣，以及对客观事物规律的探求中。例如，当幼儿探究了很久的实验终于成功时，会产生兴奋感和成就感；当幼儿看到小蚂蚁爬到洞口就不见了时候，就会产生好奇心想去看看蚂蚁的窝长什么样。这些都是理智感的表现，理智感是我们从事学习活动和探索活动的动力，是人们认识世界、改造世界的不竭源泉。

3. 美感

美感是事物是否符合个人审美需要而产生的个人体验。例如，美好的音乐、幽雅的环境等都可以使人产生美的体验。美感可来源于自然，如山清水秀的风景区、一望无际的大海等；美感也可来源于文学、美术和艺术；美感还可来源于人体自身，如动作端庄、仪态典雅等。美感的养成不是一蹴而就的，而是一个持续发展、学习修炼的过程。

（三）根据客观事物是否满足自身需要分类

情绪情感是客观事物与个人需要之间的关系反映。根据客观事物是否满足自身需要可将情绪情感体验分为积极体验和消极体验，积极体验是自身需要得到满足，如高兴、愉快、兴奋等；消极体验是自身需要没有得到满足，如悲伤、恐惧、愤怒、绝望等。

四、论一论情绪和情感的作用

幼儿的情绪情感对其心理发展具有非常重要而广泛的意义，影响、涉及儿童心理的诸多方面的发展，主要表现在以下四个方面：

（一）情绪的动机作用

对于婴幼儿而言，情绪对婴幼儿心理活动和行为具有相当明显的动机和激发作用，情绪直接指导并调控着幼儿的行为，它能够驱使进行某种活动，也能够阻止或干扰幼儿进行某些活动。例如，早上入园时，教幼儿跟老师说“老师好”，下午离园时说“老师再见”，结果大部分幼儿先学会说“老师再见”，而“老师好”则相对晚一点才学会。这就是情绪动机在起作用，由于幼儿不愿意与父母分离，缺乏向老师问好的良好情绪，下午归家心切，所以赶快说“再见”。由此可见，同样是学说话，在不同情绪影响下，会产生不同的学习效果。在幼儿晚期，情绪对其行为的动机作用仍然相当明显。

（二）情绪对认知发展的作用

情绪和认知之间有着密切的联系，情绪对幼儿的认知活动及其发展起着激发、促进作用，或抑制、延缓作用。同时幼儿的认知活动具有很明显的“无意性”，所以更容易被情绪所引导。

北京大学心理与认知科学学院孟昭兰教授曾以婴幼儿为被试者，研究了不同情绪状态对其智力操作活动的影响。研究结果表明具有显著差异性：在外界新异刺激作用下，婴幼儿的情绪游离到兴趣一端时，激发幼儿探索活动，当游离到惧怕一端时，则引起逃避反应；愉快情绪有利于婴幼儿的智力操作及效果，而痛苦、惧怕等对婴幼儿智力操作不利；适中的愉快情绪能使智力操作达到最优。

因此，情绪对认知活动起着的促进或干扰的作用，并直接影响活动最后的效果。

（三）情绪是人际交往的重要手段

每一种情绪都有其外部表现，即表情，它是人与人之间进行信息交流的重要工具之一。在婴幼儿与人的交往中，尤占有特殊的，重要的地位。

新生儿几乎完全借助于他的面部表情、动作、姿态及不同的声音等，与成人进行着信息交流。在婴幼儿初步掌握语言之后，表情始终仍是婴幼儿重要的交流工具，它和语言一起共同实现着幼儿与成人、幼儿与同伴间的社会性交往。

（四）情绪对幼儿个性形成的作用

婴幼儿期是个体个性形成的奠基时期，该阶段的情绪情感体验对幼儿个性形成具有重要影响。幼儿期获得稳定的积极情绪情感体验有利于个体形成良好的个性，如果幼儿期获得的情绪情感体验不稳定，不友好，甚至太过消极，有可能导致幼儿不良个性的形成，给幼儿带来一辈子的伤害。

精华提炼

拓展阅读

初生的婴儿即可有情绪反应，如新生儿或哭，或安静，或四肢舞动等，可以称为原始的情绪反应。行为主义的创始人华生根据对医院 500 多名婴儿的观察提出了：新生儿有三种原始情绪，即怕、怒和爱。华生还详细描述了这些情绪的原因和表现：

1. 怕

华生认为新生婴儿的怕是由于大声和失持引起的。当婴儿安静地躺着时，在其头部附近敲击钢条，会立即引起他的惊跳，肌肉猛缩，继之以哭；当身体突然失去支持，或身体下面的毯子被人猛抖，婴儿会发抖、大哭、呼吸急促、双手乱抓。

2. 怒

怒是由于限制婴儿运动引起的。如，用毯子把孩子紧紧地裹住，不准活动，婴儿会发怒，他把身体挺直，或手脚乱避。

3. 爱

爱由抚摸、轻拍或触及身体触感区域产生。如，抚摸婴儿的皮肤，或是柔和地轻拍他，会使婴儿安静，产生一种广泛的松弛反应，或是展开手指、脚趾。

——整理节选《学前儿童社会教育》，周世华、耿志涛

任务2　分析幼儿情绪情感的发展特点

案例导入

一位妈妈记录了她儿子情绪变化的两个镜头。从哭泣到笑，两种情绪间隔的时间不到30秒，说变就变。

如何理解婴儿这种多变的情绪？幼儿情绪和情感还有什么特点？下面一起分析一下幼儿情绪情感发展的特点吧。

一、理一理幼儿基本情绪的发展

研究表明，婴儿出生后就有情绪，了解婴幼儿的基本情绪表现，可以帮助成人及时获得他们的心理信息，进行积极反馈，促进婴幼儿的情绪健康发展。

（一）哭

啼哭是婴儿与外界沟通的第一种方式。新生儿啼哭原因多是由生理原因引起的，如饿、冷、痛（不舒服）、恐惧和惊吓、发怒、引起成人注意、睡眠被打扰和活动被限制等。随着年龄增长，啼哭的诱因开始由生理原因转为社会原因，例如想要的玩具父母没有当场买下来，而哭闹不止等。

（二）笑

笑是婴儿愉悦的表现，比哭发生的晚。笑主要分为自发性的笑和诱发性的笑两类。

婴儿最初的笑是自发性的，是一种生理表现。这种类型的笑主要发生在婴儿的睡眠中或困倦时。这种微笑通常是突然出现的，是低强度的笑。

诱发性的笑是由外界刺激引起的，可以分为反射性的和社会性的两大类。婴儿最初的诱发笑也发生于睡眠时间。比如，在婴儿睡着时，轻轻抚摸婴儿的脸颊，或者是揉揉婴儿的肚子，都可能使其出现微笑。人脸、人声，最容易引起婴儿的社会性微笑。

（三）恐惧

恐惧是一种消极情绪体验。

本能的恐惧，婴儿出生就有的情绪反应，最初由听觉、肤觉、肌体觉刺激引起的，如刺耳的高声或身体失重等。婴儿从4个月左右，开始出现与知觉发展相联系的恐惧，如“视崖实验”。婴儿6个月左右开始出现怕生，即对陌生刺激物的恐惧反应。2岁左右的婴幼儿，随着想象的发展，出现了预测性恐惧，如听到恐怖的鬼怪故事，被人在夜晚惊吓。

（四）焦虑

焦虑是一种朦胧、游移、不明确的心神不宁状态，不同于恐惧有具体的对象和内容。儿童的焦虑往往与环境中的无助状态相联系。主要体现在陌生人焦虑和分离焦虑。

陌生人焦虑是指婴幼儿对陌生人的警觉反应。在婴幼儿对养护者形成依恋之前，他们对陌生人在内的所有人的反应通常都是积极的。但婴幼儿在6~7个月时开始出现陌生人焦虑，8~10个月时最严重，12个月后逐渐弱化，一般到4周岁之后基本“消失”。

分离焦虑是婴幼儿与其依恋对象分离时产生的一种消极情绪体验。分离焦虑是伴随着陌生人焦虑同时产生的。陌生人焦虑越强，分离焦虑也越严重。分离焦虑与婴幼儿自身的不安全感有关，所以，婴幼儿早期的积极关注对婴幼儿平稳度过分离焦虑意义深远。

拓展阅读

著名教育专家约翰·鲍尔比也曾对儿童“分离焦虑”表现出强烈的兴趣，通过长期的观察，他发现了儿童“分离焦虑”情绪的表现和规律，并把儿童的“分离焦虑”分为以下三个阶段：

第一阶段：反抗阶段——号啕大哭，又踢又闹

反抗阶段应该是儿童分离焦虑产生的初始阶段，处于这个阶段儿童的往往表现出极度的反叛，在意识到即将与父母分离的时候，会号啕大哭，甚至又踢又闹，连父母的话都听不进去。

第二阶段：失望阶段——仍然哭泣，吵闹减少

经历了反抗阶段，儿童的“分离焦虑”症状将会有明显的减轻，儿童会进入“失望阶段”，处于这个阶段的儿童，虽然仍然哭泣，但是已经不像之前表现得那么夸张，并且吵闹的动作和频率都明显降低，往往会不理睬他人，表情迟钝。

第三阶段：超脱阶段——正常活动，偶有情绪

随着时间的推移，儿童的分离焦虑就进入到超脱阶段，他们将会逐渐接受外人的照料，开始正常的活动，如吃东西，玩玩具等，对于亲人或者是父母的离开也能够慢慢地接受，但是即便是这样，当重新看见母亲时又会出现悲伤的表情。

——整理节选《发展心理学》，林崇德

二、析一析幼儿情绪情感发展的特点

幼儿情绪、情感的发展主要表现为，各种情绪体验逐渐丰富和深刻，情感越来越占主导地位。

（一）幼儿的情绪比较外露

在幼儿初期，幼儿几乎不会控制或掩盖自己的情绪，他们的全部情绪都表露于外，高兴了就笑，急了就哭。这是因为他们的抑制能力较差，自我意识不强。到大班后，幼儿对情绪的自我控制能力逐渐增强，对情绪表现的控制能力也逐渐增强。

（二）幼儿的情绪不稳定

幼儿期的情绪是非常不稳定的，容易变化，表现为两种对立的情绪在短时间内互相转换。幼儿情绪的不稳定性与他们易受情境的影响有关，也与幼儿情绪易受感染与暗示有关。例如，幼儿大声叫嚷时，其他幼儿也跟着大声叫嚷；一个幼儿表现出惧怕的情绪，其他幼儿也表现出惧怕的情绪。

（三）幼儿的情绪具有易冲动性

幼儿初期的情绪容易突发和变动，来得猛去得快，他们不善于控制和调节自己的情绪，非常容易受外界事物的影响而冲动。这种现象在幼儿初期表现最为突出，幼儿高兴时又蹦又跳，幼儿伤心时马上泪流满面。因此，当幼儿处于高度激动状态时，成人不能要求他们立即转为平静，只能逐渐“降温”。当幼儿大哭大闹时，往往劝说也没用，成人可以给幼儿擦擦眼泪，再用温柔的口吻进行安慰，使其逐渐安静下来。成人也可以用另一种活动转移他的情绪。例如，我们经常看到幼儿因为家长不给买心爱的玩具而大哭起来，如果给他另外一个玩具，他就会破涕为笑。幼儿晚期，冲动性情绪逐渐减少，自我调节情绪的能力逐渐发展。通过家长和教师的不断教育和要求，以及集体活动的实践，幼儿逐渐学会控制自己的情绪，减少了冲动性。

三、论一论幼儿情绪情感发展的趋势

幼儿情绪情感发展主要表现在三个方面：社会化、丰富和深刻化、自我调节化。

（一）情绪和情感的社会化

幼儿的情绪情感最初是由生理原因引起的。随着年龄的增长，逐渐与社会性需要相联系。

1. 引起情绪反应的社会性动因逐渐增强

引起人情绪反应的原因，称为情绪动因。随着幼儿的成长，幼儿与成人以及幼儿之间的交往日益频繁、主动、深刻和主要。而且在婴幼儿时期，幼儿与成人之间的交往需要和同伴的交往状况对儿童情绪影响很大，是左右其情绪和情感产生的最主要动因。

2. 表情逐渐社会化

表情是情绪的外在表现。首先，婴幼儿随着认知水平的提高、社会交际机会的增多，也开始学会理解（辨别）面部表情。但是幼儿的理解能力不强，对现实与虚幻区分不开，比如，给婴儿看一张愤怒的人脸，他会不安甚至哭泣。其次，运用表情的能力。婴幼儿往往会夸张地运用自己的面部和身体表情去表达自己的情绪。从 2 岁开始，学会用表情手段去影响别人，并且在不同场合用不同方式表达同一情绪。比如，幼儿在妈妈面前，就不肯睡觉，要求讲故事、要求抱抱，否则就哭闹。而在爸爸面前就老实睡觉，没有任何情绪表现出来。在幼儿园跌倒了，老师在旁边，会大哭；老师表扬之后，又会破涕为笑。而如果跌倒时，周围没有人，会自己赶快爬起来。总体而言，理解表情的能力强于运用表情的能力。

（二）情绪和情感的丰富化和深刻化

1. 幼儿情绪情感的丰富化

所谓情绪的日益丰富，包括两种含义：其一，情绪过程越来越分化；其二，情绪指向的事物不断增加。

与感知觉相联系的情绪情感。比如婴儿在身体失重时，会有痛苦和恐惧的情绪反应，会大哭不止。

与记忆相联系的情绪情感。比如婴儿的母亲有一次偷偷离开他，之后婴儿会有一段时间经常焦虑母亲突然失踪。

与想象相联系的情绪情感。有些成人为了让幼儿听话，编制一些晚睡的孩子会被狼叼走、会被鬼带走的故事。幼儿会自动脑补狼、鬼的恐怖，这种由想象引起的恐惧情绪会对幼儿影响深刻。

与思维相联系的情绪情感。比如，母亲告诫幼儿街边的“三无”小吃如何不卫生。如果幼儿是真正信服的话，是可以真正对那些小吃的香味熟视无睹。

与自我意识相联系的情绪情感。比如，著名的“别人家的孩子”如何如何优秀，很多儿童会嗤之以鼻，“你不知道，别人家的孩子其实也如何如何不好”。

2. 幼儿情绪情感的深刻化

所谓情感的深刻化是指指向事物的性质的变化，从指向事物的表面到指向事物更内在的特点。幼儿情绪情感的深刻化集中体现在幼儿高级情感的发生和发展，如道德感、理智感和美感的产生。

（1）道德感

3 岁后，随着幼儿认知水平的发展，他们开始理解各种行为规范，道德感也就逐渐发展起来了。小班幼儿的道德感通常是依赖成人的评价，认为得到表扬就是对的，受到成批评就是错误的。中班幼儿开始有了初步的判断标准，不但关注自己的行为是否符合道德标准，而且会还关住他人的行为，从而对自己或他人的行为产生肯定或否定的情绪体验。所以中班幼儿常常出现“告状”现象，就是由道德感激发的行为。大班幼儿的道德感进一步发展和分化，对好与坏、好人与坏人他们有了区分鲜明的情感，热爱祖国、爱小朋友、爱集体等情感也开始初步形成，并已经有了一定的稳定性。

（2）理智感

幼儿的理智感主要表现在对周围环境和事物的好奇和兴趣而产生的体验，最突出的表现是喜欢提问题。小班幼儿喜欢问“这是什么”“那是什么”，大多是从直接的求知过程体验理智感。中班幼儿则喜欢从探讨的求知过程中体验理智感，除了问“是什么”之外，还关心“为什么”。大班幼儿更多通过各种智力活动和读幼儿读物体验理智感。

（3）美感

幼儿美感的发展和他们的认识能力紧密相关。小班幼儿的美感通常是对具体对象的直接感知而产生的体验，主要是对颜色鲜明的东西、新的衣服鞋袜等产生美感。随着年龄的增长，幼儿开始从各个具体事物之间的关系上体验美感，如色彩的协调搭配、音调之间的和谐等。在教育和环境的影响下，大班幼儿已能判别什么是美，美感有了进一步的发展。

（三）情绪和情感的自我调节化

从情绪的进行过程看，其发展趋势是越来越受自我意识的支配。随着年龄的增长，婴幼儿对情绪过程的自我调节越来越强。这种发展趋势主要表现在三个方面：

1. 情绪的冲动性逐渐减少

幼儿常常处于激动的情绪状态。在日常生活中，婴幼儿往往由于某种外来刺激的出现而非常兴奋，情绪冲动强烈。幼儿的情绪冲动性还常常表现在他用过激的动作和行为表现自己的情绪。比如，幼儿看到故事中的“坏人”，常常会把它抠掉。随着幼儿脑的发育及语言的发展，情绪的冲动性逐渐减少，幼儿对自己情绪的控制，起初是被动的，即在成人要求下，由于服从成人的指示而控制自己的情绪，到幼儿晚期，对情绪的自我调节能力才逐渐发展，成人经常不断地教育和要求，以及幼儿所参加的集体活动和集体生活的要求，都有利于逐渐养成控制自己情绪的能力，减少冲动性。

2. 情绪的稳定性逐渐提高

婴幼儿的情绪稳定性差，维持的时间也是短暂的。虽然随着年龄的增长，他们情绪的稳定性在逐渐提高，但是总的来说，幼儿的情绪仍然是不稳定、易变化的。

婴幼儿的情绪不稳定，与其情绪情感常常被外界情境所影响有关，他们的情绪通常会伴随着某种情境的出现而产生，又随着情境的变化而消失。例如，小丽跟着妈妈逛超市想要一个玩具，妈妈认为家里已有一个类似的玩具，便没有买，于是小丽又哭又闹，这时，妈妈便对小丽说："走，咱们去看看有没有比这更好的玩具。"说完便牵着小丽迅速离开了，接着就跟小丽一起唱歌一起走，很快就沉浸在妈妈所引发的欢乐的情绪中。

婴幼儿情绪的不稳定还与情绪的受感染性有关，也就是说他们的情绪非常容易受到其他人情绪的影响，例如，幼儿一个小朋友因为思念妈妈而哭泣，其他小朋友也会容易被带着伤心地哭起来。

到了幼儿晚期，情绪会逐渐稳定，情境性和受感染性也会慢慢减少，但仍然容易受亲近的人，如家长和教师的感染，因此，父母和教师在幼儿面前须注意控制自己的不良情绪对他们的影响。

3. 情绪情感从外显到内隐

在婴儿期和幼儿初期，他们的情绪是完全外露的，高兴了就笑，着急了就哭，丝毫不加以控制和掩饰表现出来。

幼儿调节情绪的外部表现能力的发展比调节情绪本身的能力发展得要早。就是因为这样，才会出现幼儿开始产生某种情绪体验时，自己还没有意识到，直到情绪过程正在进行时，才意识到它。这时幼儿才想起如何去控制情绪的外部表现。

幼儿晚期，能较好地控制自己情绪的外部表现，但也还常常受周围情境的左右。

婴幼儿情绪外显的特点，有利于成人及时了解幼儿的情绪状态，及时地给予合理的引导和帮助。但是，掌握控制调节自己的情绪表现以至情绪本身的能力，是每个人社会交往的需要，成人应当耐心地正确地培养。同时，由于幼儿晚期情绪逐渐向内隐性过渡，这时成人就需要更加细心观察，从而更准确地了解其内心的情绪体验。

任务3 梳理培养幼儿情绪情感发展的方法

案例导入

小班的凡凡在中午睡觉前老往厕所跑，细心的王老师很快发现了这一情况。经观察，凡凡的小便情况极不正常，每次总是尿一点点。王老师及时与家长进行沟通。经了解，凡凡在家小便正常。在家长和教师的共同努力下，凡凡的问题得到解决。原来凡凡是因为教师说中午睡觉后不能再上厕所，心里害怕，所以情绪特别紧张。后来，教师采取了一些措施，允许凡凡在睡觉后起来上厕所。一周后，凡凡的问题得到顺利解决。

教师发现问题后通过及时和家长进行沟通，找到解决问题的方法，帮助幼儿消除不良情绪。

一、幼儿良好情绪和情感的培养

（一）营造良好的生活环境

婴幼儿的情绪容易受到周围环境的影响，因此，良好的生活环境，有规律的作息时间，轻松和谐的情绪情感氛围，可以使幼儿感到安心和愉快。在这样的环境中才能促进幼儿良好情绪情感的发展。

家长和老师应为幼儿创设温馨舒适的心理氛围，科学合理地安排好幼儿的一日生活，使幼儿的一日生活充实而富有乐趣。如吃饭前，一起报菜名增强食欲，饭后在走廊或园区散散步，做做小游戏等，促使幼儿养成积极的情绪情感。

同时，家长和老师要管理好自身的情绪，为幼儿良好的情绪示范。幼儿期以模仿为主，成人的情绪表现就很容易影响到幼儿，如若成人的情绪总是喜怒无常，幼儿也会不知所措，情绪也会随之而变得容易喜怒无常。因此成人的稳定的、良好的情绪示范，才能使幼儿情绪保持良好的稳定状态。

最后，家长和老师对待婴幼儿不好的行为不能够简单粗暴地呵斥幼儿，经常处于这种情绪状态下的幼儿，缺乏自信心，情绪消极。成人应当更多地正面引导，多鼓励多表扬，利用情绪的动机作用，促进良好行为的发生。

（二）采取积极的教育态度

幼儿积极情绪的养成不是立竿见影的而是在长期、耐心的正面引导下形成的。教师应该认真了解幼儿的情绪和情感，对幼儿的评价以肯定为主，多鼓励进步，耐心地倾听幼儿的心声，并且尝试使用积极的暗示。

1. 以肯定为主，多鼓励进步

有研究指出幼儿晚期最关心别人对自己的评价，尤其喜欢让别人表扬他，这是因为他们受了表扬后，体验到了那种获得成功的快乐，在这种积极情绪的支配下，他会更加努力，希望再一次获得那种快乐。因此，我们幼儿教师应根据每位幼儿的不同情况，对他们提出不同的要求，每发现他一点小小的进步就给他一次适当的表扬和鼓励，使幼儿不断产生积极情绪。

2. 耐心地倾听幼儿的心声

幼儿总是愿意把自己的见闻向亲人诉说，可是成人往往由于自己太忙，没有时间听幼儿说话。有时成人认为幼儿说的话幼稚可笑，不屑一听。这些都会使幼儿感受到压抑，感受到孤独，因而情绪不佳。有时幼儿因此出现逆反心理，故意做出错误行为，以引起成人的注意。

3. 正确运用暗示和强化

婴幼儿的情绪在很大程度上受成人的暗示，他们往往没有自己的主见，常常随外界环境影响而改变自己的意见。比如，有位家长在外人面前总是对自己的孩子加以肯定，说："我们小妹摔倒了从来不哭。"她的孩子果真能控制自己的情绪。另一位家长则常常对别人说："我们的孩子就是爱哭""他就是胆小"这种暗示，则容易使幼儿养成消极情绪。

（三）引导幼儿形成积极的情绪和情感

幼儿不会控制自己的情绪，成人可以用各种方法帮助他们控制情绪。常用的方法有：转移法、冷却法、消退法。

1. 转移法

转移法是指通过转移幼儿的注意力的方式控制幼儿的情绪。比如，二三岁的幼儿在商店柜台前哭着要买玩具，成人常常用转移注意的方法，说："等一会儿，我给你找一个好玩的"，幼儿会跟着走了。可是有时此法不奏效，往往是由于成人只是为了哄幼儿，回家后忘记了自己的许诺，以后幼儿就不再"受骗"了。对 4 岁以后的幼儿，当他处于情绪困扰之中时，可以用精神的而非物质的转移方法。例如，幼儿哭时，对他说："看这里这么多的泪水，我们正缺水呢，快来接住吧。"这时爸爸真的拿来一个杯子，孩子就破涕为笑。

2. 冷却法

冷却法是指幼儿情绪十分激动时，可以采取暂时置之不理的办法，幼儿自己会慢慢地停止哭喊。当幼儿处于激动状态时，成人切忌激动起来，比如，对幼儿大声喊叫："你再哭，我打你"或"你哭什么，不准哭，赶快闭上嘴"之类。这样做会使幼儿情绪更加激动，无异于火上浇油。

3. 消退法

对幼儿的消极情绪可以采用条件反射消退法，它是指对原先可接受的某种行为的撤销。比如，有个幼儿上床睡觉要母亲陪伴，否则哭闹。母亲只好每晚陪伴。后来父母亲商量好，采用消退法，对他的哭闹不予理睬，幼儿第一天晚上哭了整整 50 分钟，哭累了也就睡着了。第二天只哭了 15 分钟。以后哭闹时间逐渐减少，最后不哭也安然入睡了。

（四）教会幼儿调节自己的情绪表现

幼儿表现情绪的方式更多是在生活中学会的。因此，在生活中，有必要教给幼儿有意识地调节情绪及其表现方式的技术。比如，幼儿在自己的要求不能满足时，大发脾气、跺脚，甚至在地上打滚，这是不正确的情绪表现方式。在成人的教育下，幼儿逐渐懂得，发脾气并不能达到满足要求的目的，他会放弃这种表现方式。可以教给孩子一些调节自己情绪的技术。

1. 反思法

反思法是指让幼儿想一想自己的情绪表现是否合适。

2. 自我说服法

小朋友初入园，由于要找妈妈而伤心地哭泣时，可以教他自己大声说：“好孩子不哭”。幼儿起先是边说边抽泣，以后渐渐地不哭了。幼儿和小朋友打架，很生气时，可以要求他讲述打架发生的过程，幼儿会越讲越平静。

3. 想象法

想象法是指遇到困难或挫折而伤心时，想象自己是“大姐姐”“大哥哥”“男子汉”或某个英雄人物等等。随着儿童年龄增长，在正确的引导和培养下，幼儿能学会恰当地调节自己的情绪和情绪的表现方式。

二、幼儿高级情感的培养

（一）开展多种活动，培养幼儿的道德感

在日常活动中，教师可以带幼儿去感受大自然的美景，或者让幼儿观看祖国大好河山的视频和图片，让幼儿萌发爱祖国、爱家乡的情感。对平时热爱劳动的幼儿，教师要适时表扬，号召全班幼儿向榜样学习，培养幼儿爱集体、爱劳动的情感。

现在的大多数幼儿都是独生子女，比较自私，不懂得与别人分享，意志力较为薄弱。教师可以组织一些教学活动教幼儿学会分享，也可以向幼儿讲一些有关诚实、勇敢的故事，以培养幼儿的优良品德。

（二）保护好奇心，激发求知欲，培养幼儿的理智感

教师和家长可以适时鼓励幼儿经常提问、积极思考，激发幼儿的求知欲，让幼儿能够主动参与他们喜爱的智力游戏中去，如下棋、猜谜语、拼搭大型建筑物等。这类游戏不仅能满足幼儿的好奇心和求知欲，同时还有助于促进其理智感的发展。当幼儿出现良好的行为表现时，家长和教师需要及时地进行表扬和鼓励。在这一时期，成人善于培养幼儿的理智感，就能激发他们的求知欲，培养学习兴趣，从而让幼儿乐于探索，自主学习。成人不要因为幼儿总是问千奇百怪的问题，而敷衍了事甚至嘲笑（例如幼儿会问：“叶子为什么是绿色的啊？”）；也不要因为他们“搞破坏”的行为，而斥责，因为他们正在探索玩具的构造。成人可以充分利用这一特点，培养幼儿的求知欲和探索精神，从而促进其理智感的发展。

（三）利用音乐、美术和文学作品，陶冶幼儿的情操

为了让幼儿在幼儿园的环境中得到良好的成长，可以让幼儿听一些优美的歌曲、欣赏一些美术作品等。家长和教师还可以每天给幼儿讲一些动听的故事，通过生动感人的故事情节培养幼儿的美感。

拓展阅读

《3~6 岁儿童发展指南》（以下简称《指南》）在健康领域的“身心状况”中提出了幼儿“情绪安定愉快”的发展目标。

良好的情绪表现是心理健康的重要标志。对于幼儿来说，情绪的安定与愉快是维护身心健

康、促使其产生社会适应行为并逐渐形成良好个性的重要条件。《指南》依据幼儿的情绪特点与发展需要，提出了不同年龄段幼儿在稳定情绪、保持愉快情绪、适度表达和调节情绪等方面的具体发展目标。为此，《指南》在教育建议中强调要为幼儿“营造温暖、轻松的心理环境，让幼儿形成安全感和信赖”“以积极、愉快的情绪影响幼儿”，要“欣赏”幼儿、“接纳”幼儿等。同时，《指南》还强调要“帮助幼儿学会恰当表达和调控情绪”。依据幼儿的年龄特点和个性特征，我们可以从帮助幼儿学习识别情绪、理解情绪和表达情绪开始，逐渐引导幼儿学习和掌握那些转移、缓解或控制消极情绪（如生气、伤心）的方法，这是促进幼儿情绪健康发展的重要途径和方法。

——整理节选《3~6 岁儿童发展指南》，教育部

任务4 练习培养幼儿情绪情感的发展

一、口述或抄写培养幼儿情绪情感发展的方法

二、设计一节训练幼儿情绪情感的游戏活动

范例	学生设计活动
游戏名称：《看得见的情绪》（大班） **游戏目的：**辨认基本情绪，并了解确切的情绪表达。 **游戏准备：**做一个有6个情绪脸谱的大色子。 **游戏方法：**请幼儿来扔色子，色子扔到一处情绪时，这位幼儿要试着做出这种表情，并说说在怎样的情况下会有这种情绪。 **游戏规则：**每人只有一次扔色子的机会，做错表情，或说错用法均为失败	**游戏名称：** **游戏目的：** **游戏准备：** **游戏方法：** **游戏规则：**

三、试玩游戏活动

1. 合理分组，每次一组派一个组员参与游戏。
2. 成功完成任务组员，该组加分，游戏结束统计每组成绩。
3. 分享游戏结果并总结。

四、分享游戏体会

1. 班上分享游戏体会。
2. 总结培养幼儿情绪情感发展的方法。

拓展阅读

幼儿与成人一样常有情绪变化，如愤怒、哀伤、失望、害怕等。保持幼儿的心理健康须让幼儿适度宣泄。宣泄就是舒散、吐露心中的积郁，让幼儿淋漓尽致地吐露自己的委屈、忧愁、牢骚和怨恨等不快，使其达到心理平衡。

适度地让幼儿宣泄，对他们的生理和心理都有益处。如果幼儿心中的积郁和不快长期得不到宣泄，就会注意力不集中、行为呆板、精神不振、人际关系紧张，严重时会给幼儿个人和家庭乃至带来危害。有些幼儿闹事、出走、轻生，就是因为不良情绪无法宣泄造成的。因此，家长和教师应该正确看待幼儿的哭泣，在必要时引导和鼓励幼儿合理宣泄自己的负面情绪，以避免不良情绪在心中的积蓄。

——整理节选《儿童发展与教育心理学》，刘电芝

思维导图

- **探究幼儿情绪情感的发展**
  - 体验幼儿情绪情感的发展
    - 概念：情绪和情感是人对客观事物是否符合个人需要而产生的态度体验
    - 情绪和情感的区别与联系。区别：需要角度、发生角度、稳定性、表现形式；联系：情绪是情感的外在表现，情感是情绪的本质内容
    - 分类：心境、激情、应激；情感的分类：道德感、理智感、美感
    - 作用：动机作用、认知发展的作用、交往作用、个性形成作用
  - 分析幼儿情绪情感的发展特点
    - 基本情绪的发展：哭、笑、恐惧、焦虑
    - 情绪发展的特点：情绪外露、情绪不稳定、情绪易冲动；情感发展的特点：道德感逐渐发展、求知欲强，理智感凸显、美感增强
    - 发展趋势：社会化、丰富和深刻化、自我调节化
  - 梳理培养幼儿情绪情感发展的方法
    - 情绪和情感的培养：营造良好的生活环境、采取积极的教育态度、引导幼儿形成积极的情绪和情感、教会幼儿调节自己的情绪表现
    - 高级情感的培养：开展多种活动，培养幼儿的道德感、保护好奇心，激发求知欲，培养幼儿的理智感、利用音乐、美术和文学作品，陶冶幼儿的情操
    - 试玩游戏活动，分享游戏体会
  - 练习培养幼儿情绪情感的发展
    - 口述或抄写培养幼儿情绪情感发展的方法
    - 设计训练幼儿情绪情感的游戏活动
    - 试玩游戏活动，分享游戏体会

技能高考

一、单项选择题

(　　) 1. 新生儿的第一声啼哭具有重要的________。

A. 报到价值　B. 生理价值　C. 心理价值　D. 社会价值

(　　) 2. 怕生这种情绪一般在婴儿________时开始出现。

A. 第 3 个月　B. 第 6 个月　C. 第 8 个月　D. 第 10 个月

(　　) 3. 认知需要得到满足时的情感体验是________。

A. 道德感　B. 理智感　C. 美感　D. 成就感

(　　) 4. 幼儿常会因争夺玩具而打架，在地上撒泼，这体现了他们情绪的________。

A. 易冲动性　B. 不稳定性　C. 外露性　D. 易受感染性

(　　) 5. 幼儿常有脸上挂着泪水又笑起来的情况，即破涕为笑，主要是因为________。

A. 幼儿的情绪还是由生理需要控制着　B. 幼儿的情绪不易外露

C. 幼儿的情绪不稳定　D. 幼儿的情绪易外露

(　　) 6. 幼儿看到故事书中的“坏人”，常常会把它抠掉，即用动作把“坏人”去掉，造成这种行为的主要原因是________。

A. 幼儿的情绪是完全表露于外的　B. 幼儿不会调节自己的情绪表现

C. 幼儿的情绪已趋于稳定　D. 幼儿的情绪具有冲动性

(　　) 7. 中班幼儿喜欢告状，这体现的幼儿的情感是________。

A. 理智感　B. 美感　C. 道德感　D. 实践感

(　　) 8. 有差别的微笑一般出现在________。

A. 6 个月　B. 7 个月　C. 4 个月　D. 5 个月

(　　) 9. 幼儿基本的情绪表现不包括________。

A. 哭　B. 笑　C. 爱　D. 恐惧

(　　) 10. 幼儿园老师常常把刚入园的哭着要找妈妈的孩子与班内其他孩子暂时隔离开来，这主要是因为________。

A. 老师不喜欢哭闹的孩子　B. 该幼儿不适合上幼儿园

C. 幼儿的情绪容易受感染　D. 幼儿常常处于激动的情绪状态

二、判断题（正确的打“√”，错误的打“x”）

(　　) 1. 幼儿很会掩饰自己的情绪。

(　　) 2. 儿童的哭与笑是同时发生的，都是出生时就有的。

(　　) 3. 恐惧属于消极情绪，它只会给婴幼儿带来消极作用。

(　　) 4. 婴儿刚出生就能哭，说明人生来是痛苦的。

(　　) 5.4 个月左右的婴儿就开始出现对亲近的人的选择性微笑了。

(　　) 6. 六七个月的婴儿开始怕生。

(　　) 7. 分离焦虑对儿童具有重要的适应意义。

(　　) 8. 长时期的分离焦虑能锻炼婴儿的独立能力。

(　　) 9. 情绪是消极性体验，情感是积极性体验。

(　　) 10. 6 个月的婴儿开始出现与想象相联系的恐惧情绪。

三、案例分析

三岁的阳阳从小跟奶奶生活在一起。刚上幼儿园时，奶奶每次送他到幼儿园准备离开时，阳阳总是又哭又闹。当奶奶的身影消失后，阳阳很快就平静下来，并能与小朋友们高兴地玩。由于担心阳阳哭闹，奶奶每次走后又折返回来。阳阳再次看到奶奶时，又立刻抓住奶奶的手，哭泣起来……

问题：阳阳的行为反映了幼儿情绪的哪些特点？阳阳奶奶的担心是否必要？教师该如何引导？

参考文献

[1] 朱智贤，林崇德 . 思维发展心理学 [M]. 北京：北京师范大学出版社，2002.

[2] 刘电芝 . 儿童发展与教育心理学 [M]. 北京：人民教育出版社，2006.

[3] 王振宇 . 儿童心理发展理论 [M]. 北京：人民教育出版社，2011.

[4] 中华人民共和国教育部 . 3~6 岁儿童发展指南 [S]. 北京：北京师范大学出版社，2012.

活动 9　探究幼儿个性化的发展

活动导读

个性化是一个人独具一格的重要表现之一，在人的成长中既可以有效培养，也可以积极主动探究。我们要培养幼儿具有较好的个性化，促进其健康快乐发展，首先要了解个性概念，熟悉与之相关的内部心理活动过程和外部表现特征等基本知识；还要探究幼儿个性化发展的特点，掌握规律；再根据幼儿的整体特点和具体个性特点进行针对性培养，循序渐进的发展幼儿个性化。熟练运用相关策略促进幼儿园教育活动高效圆满完成。

学习目标

1. 理解幼儿个性的概念。
2. 掌握幼儿个性化的发展特点。
3. 掌握培养幼儿个性化发展的方法。
4. 运用幼儿个性化发展理论提高幼儿园工作效率。

内容结构

学前构建	学后归纳
探究幼儿个性化的发展 —体验幼儿个性化的发展 —分析幼儿个性化的发展特点 —梳理培养幼儿个性化发展的方法 —练习培养幼儿个性化的发展	

任务1　体验幼儿个性化的发展

案例导入

宝宝和贝贝是一对双胞胎姐妹，但是从出生的时候爸爸妈妈就发现姐姐宝宝比妹妹贝贝更加的安静、沉稳一些。在满足日常的生理需求后，宝宝基本上不哭也不闹，能自己安安静静地躺在床上四处张望；而贝贝却完全不一样，贝贝喜欢被妈妈抱着睡觉，不喜欢自己躺在床上。上了幼儿园以后，宝宝也更喜欢自己安安静静地玩玩具，而贝贝则喜欢和其他小朋友一起玩耍。

案例中宝宝和贝贝的不同表现，正是幼儿个性的部分体现。

一、说一说幼儿个性的概念

个性是指具有一定倾向性的各种心理特点或品质的独特结合，是一个相对稳定的体系。个体的各种心理过程在2岁之前没有完全发展起来，所以个体的个性在2岁之后才开始萌芽，3~6岁初具雏形，18岁基本定型。个性在定型后，也可能会因社会环境等因素的变化而发生变化。

一般认为，个性具有以下四个特征：独特性、整体性、稳定性和社会性（见表9–1–1）。

表9–1–1　个性的四个特征

特征名称	阐述
独特性	人的个性千差万别，“一百个人有一百个哈姆雷特”，说的就是每个人因为生活环境、教育环境的不同，所以对于同一个文学人物的理解仍然千差万别。各人对于事物的反应都有自己独特的个性倾向性，这便是个性的独特性的体现
整体性	个性是一个心理特征系统，是由各种密切联系的成分构成，彼此互相联系不可分割，一个成分变化就会引起整个系统变化。如当一个人的兴趣发生了变化，就会引起活动内容和性质的变化，进而导致能力的改变、态度的改变等。个体个性形成后往往可以通过一个心理活动看出个性
稳定性	个性是心理发展到一定水平后才得以形成的，它基于一个人长期的生活环境、教育环境中，潜移默化形成的，会表现在一个人的所有活动和行为之中，因而，个性从功能上讲是相对稳定的
社会性	每个人都处在特定的社会环境和社会关系中，其个性的形成，与个体所处的社会环境和教育有密切关系。个性是社会生活的产物，个性的本质是社会的

二、看一看幼儿个性的心理结构

个性是一个复杂的系统，从结构方式上讲，由三个子系统组成。

- 个性
  - 个性调控系统
    - 个性控制系统——自我意识（自我认识、自我体验、自我监控）
    - 个性动机系统——个性倾向性（需要、动机、兴趣等）
  - 个性表现系统 ⟶ 个性表现系统——个性心理特征（气质、性格、能力）

（一）个性倾向性系统

个性倾向性系统，是个体对现实的态度和行为倾向，包括需要、动机、兴趣、理想、信念、世界观等心理成分，是动机系统。

（二）个性心理特征系统

个性心理特征系统，是个性独特性的集中表现，包括气质、性格、能力。

（三）自我意识系统

自我意识系统，是一系列自我完善的能动结构，包括自我认识、自我体验、自我监控三个方面，是调控系统。自我意识个性调控系统发展水平越高，个性就越成熟和稳定。自我意识的成熟标志着儿童个性的成熟。

三、想一想幼儿个性发展的影响因素

1. 生物因素。包括遗传素质和某些不属于遗传素质的生理特点。生物因素是物质前提，为个性形成、发展提供可能性。

2. 社会因素。包括家庭、学校、社区、社会团体、广播、影视、报刊宣传机构等社会环境。社会因素在个性形成、发展中起决定性作用。其中家庭和学校的影响尤为重要。

家庭是幼儿生活的第一个场所，也是幼儿个性实现社会化的主要场所，家庭教育是幼儿初步形成个性的基础。父母是幼儿的第一任老师，父母的教养方式、个性特征、社会地位、教育水平、家庭的结构等，都会对幼儿个性的形成产生深远的影响。

幼儿进入学校后，特别是幼儿园和小学教育，其个性得到快速发展。还有现在网络高度普及，幼儿获取信息越来越方便，如果成人不加以管控，学校不重视引导和塑造，让幼儿大量接触暴力等不良信息，很容易导致他们个性发展扭曲，不利于幼儿的健康发展。

3. 个体自我意识。指人在实践过程中形成的某种内部状态。

四、论一论幼儿个性发展的作用

（一）个体个性发展的关键期在幼儿时期

幼儿时期是孩子个性品质开始萌芽并逐渐形成的时期，是个体个性形成的关键期，加以正确的引导、培养，有利于幼儿改善遗传带来的不足，促进良好个性的形成。

研究发现，很多成年后个体体现出来的个性特点，都可以在幼儿期找到根源。良好的个性会促进幼儿一生的健康发展，不良的个性会影响幼儿一生的幸福。

（二）良好的个性有利于幼儿更好地发展

个性包含着三个子系统，具有独特性。幼儿的个性可塑性强，针对性培养和完善，有利于克服先天不足，促进良好个性的形成，良好的个性可以伴随个体一生，促进个体更好地发展，更幸福地生活。

精华提炼

拓展阅读

《中华人民共和国家庭教育促进法》节选

第二章　家庭责任

第十四条　父母或者其他监护人应当树立家庭是第一个课堂、家长是第一任老师的责任意识，承担对未成年人实施家庭教育的主体责任，用正确思想、方法和行为教育未成年人养成良好思想、品行和习惯。

第四章　社会协同

第三十八条　居民委员会、村民委员会可以依托城乡社区公共服务设施，设立社区家长学校等家庭教育指导服务站点，配合家庭教育指导机构组织面向居民、村民的家庭教育知识宣传，为未成年人的父母或者其他监护人提供家庭教育指导服务。

2022年1月1日起施行的《中华人民共和国家庭教育促进法》就是为了更好地促进幼儿发展。

任务2 分析幼儿个性化的发展特点

案例导入

幼儿园开学第一天，主班老师小张仔细观察本班孩子，发现有的活泼好动、精力充沛，有的文静迟缓、内向害羞；有的自来熟，很快熟悉陌生的环境和其他小朋友愉快玩耍，有的很怕生，不敢和新朋友玩耍；有的喜欢分享，有的孤僻自私……

案例中，张老师在了解本班幼儿个性特点，有利于以后开展针对性的教育。现实中每个幼儿都是不同的，他们都有各自不同的个性特点，因材施教就必须要了解幼儿的个性。

个性心理特征包括气质、性格、能力，是个性独特性的集中表现。

一、析一析幼儿气质的发展特点

气质是个体表现出来的较稳定的动力特征，即常说的"脾气""秉性"。气质具体表现在知觉的速度、言语的速度、思维的速度、情绪的强弱、意志努力的程度、注意力集中时间长短、内向、外向等方面，这些方面有规律地互相联系、差异性组合，从而构成个人气质类型特征。由此可以看出，气质会使个体的全部心理活动全部染上独特的个人色彩。例如，有的人直率热情，有的人优柔孤僻；有的人行动敏捷，有的人行动缓慢；有的人冲动暴躁，有的人沉着冷静。

（一）气质的类型

1. 希波格拉底的体液气质说

希波克拉底在古希腊医生恩培多克勒"四根说"的基础上，提出了气质的体液说。他认为：人体含有四种不同的液体，即血液、黏液、黄胆汁和黑胆汁。它们分别产生于心脏（血液）、脑（黏液）、肝脏（黄胆汁）和胃（黑胆汁）。希波克拉底认为，四种体液在个体中分布的多寡就构成了人的气质差异。在体液的混合比例中，血液占优势的人属于多血质，黏液占优势的属于黏液质，黄胆汁占优势的人属于胆汁质，黑胆汁占优势的人属于抑郁质。

（1）胆汁质

胆汁质的人，精力旺盛，性情急躁，容易兴奋，反应迅速，不易约束；控制性差，情绪强烈，持续时间不长。其心理活动明显特点是兴奋性高，不均衡，可成为积极、热情的人，也可发展为任性、粗暴、易发脾气的人。例如张飞、李逵式人物。

（2）多血质

多血质的人，反应敏捷，活泼好动，善于交际，情感丰富，能力强，可塑性强；但注意力不够集中，办事重兴趣，缺乏持久力。其心理活动明显特点是灵活性高，适应能力强。例如王熙凤、曹操式人物。

（3）黏液质

黏液质的人，安静沉稳，寡言少语，反应迟缓，情感含蓄，能克制自己，稳定持久；但适应缓慢，缺乏激情。其心理活动明显特点是安静、均衡。例如沙和尚、林冲式人物。

（4）抑郁质

抑郁质的人，行为孤僻，反应迟缓，感受性高，过于敏感，善于察觉他人不易察觉的细节。情绪发生较慢，但持久，体验深刻，不表现于外。其心理活动明显特点是安静迟缓、内倾。例如林黛玉式人物。

利用体液比例解释气质类型是缺乏科学根据的，但是气质和四种气质类型的名称却为心理学者所采纳并沿袭下来，沿用至今。

2. 巴甫洛夫的高级神经活动学说

巴甫洛夫提出了神经系统类型的概念。他通过动物实验研究和科学实验，揭示出高级神经活动有三个基本特征：强度、平衡性和灵活性。并根据这 3 种特性的独特结合，把动物高级神经活动划分为四种类型，分别对应传统的体液说的四种气质类型（见表 9-2-1）。

表 9-2-1 神经系统特征、类型及其表现

神经过程的基本特征			高级神经活动类型	气质	
强度	平衡性	灵活性		气质类型	主要心理特征
强	不平衡	—	兴奋型	胆汁质	反应快、冲动、难约束
强	平衡	灵活	活泼型	多血质	活泼、灵活、好交际
强	平衡	不灵活	安静型	黏液质	安静、迟缓、有耐性
弱	—	—	抑制型	抑郁质	敏感、稳重、孤僻

高级神经活动类型和气质并不是同一个东西。气质是心理现象，高级神经活动类型是生理现象。高级神经活动类型是气质的生理基础，气质是高级神经活动类型的心理表现。巴甫洛夫的高级神经活动类型说为神经活动类型和气质类型的关系勾画了一个轮廓，对气质的实质做了科学的解释。

3. 托马斯等人的分类

美国心理学家托马斯研究团队在一项著名的纽约追踪研究中，采用家长问卷法从 1953 年开始对 141 个婴儿做纵向研究，一直追踪到成人。根据九个维度（活动水平、规律性、注意分散程度、趋向或回避、适应性、注意广度与持久性、反应强度、反应阈限、心境质量），托马斯等人将 0~3 岁婴儿的气质类型划分为容易型、困难型、迟缓型三种类型。研究发现，容易型婴儿约占 40%，困难型婴儿约占 10%，迟缓型婴儿约占 15%，有 35% 的婴儿属于混合型气质，即中间型和过渡型。

还有美国心理学家凯根研究团队以行为抑制性与非抑制性为研究儿童气质的指标，提出了儿童气质研究的新思路。

我国学者杨丽珠等人根据情绪性、活动性、反应性、社会性、专注性五个方面，将我国 3~9 岁儿童的气质类型划分为活泼型、专注型、抑制型、均衡型和敏捷型。

气质分类是一个十分复杂的问题，任何一种分类都是学术性的。在实际教育教学及生活中，幼儿的气质表现要比任何一种分类都要复杂，不能简单地贴标签。

（二）气质的特点

幼儿的气质发展，总体上看，主要有稳定性、差异性、可变性三个方面的特点。

1. 稳定性

气质的稳定性表现不依赖于人的活动目的、动机和内容，在不同性质的活动中，一个人的气质往往表现出相对的稳定性。

例如，某婴儿期比较安静，六岁时依然仍能够安静地在榻榻米上玩很长时间，表现出当年的安静特点。我们通常说的“江山易改，本性难移禀性难移”，指的也是气质的相对稳定性。

2. 差异性

由于个体受先天遗传物质等因素影响，婴儿一出生就表现出气质的差异性，到了3~6岁时就已经表现出不同的气质类型，随着年龄的增长，逐渐形成不同的个性。例如，同样遇到不顺心的事，有的幼儿反应强烈，有的幼儿则反应平静；在玩游戏时，有的反应敏捷，有的反应迟缓。

3. 可变性

对幼儿的行为观察和心理研究都表明，婴儿“天生带来”的活动或行为模式是可以改变的。也就是说幼儿的气质具有相对稳定性，也不是说一成不变。受后天环境和教育的影响，幼儿原有的气质类型也会逐渐发生改变，也就是说后天的环境和教育，对幼儿的气质具有一定的可塑性。因此，成人要注重对幼儿的教育及引导，帮助他们在幼儿期消除自身的消极气质，巩固自身的积极气质。例如，圆圆刚上幼儿园时，好动、淘气、适应性差，注意力不易集中；在幼儿园三年的教育、引导下，圆圆变得注意力能持久，适应性强了。

二、析一析幼儿性格的发展特点

性格是指个体对待现实的稳定态度和与之相适应的习惯化的行为方式，是具有核心意义的个性心理特征。

（一）性格的分类

1. 外向型和内向型

瑞士心理学家荣格，依据人的心理活动倾向于外还是内，把性格分为外向型和内向型两大类。心理活动倾向于外部为外向型的人，特点是活泼开朗，喜欢交际；心理活动倾向于内部为内向型的人，特点是谨慎小心、交际狭窄。

2. 独立型和顺从型

美国心理学家威特金，依据场独立性和场依存性，把性格分为独立型和顺从型。独立型的人善于独立思考，不容易受外来因素的干扰，能够独立地发现问题和解决问题，但有时会把自己的意见强加于别人。顺从型的人则易受外来因素的干扰，没有主见，随众强烈，常常会不加分析地接受别人的意见而盲目行动，应变能力较差。

对于性格的划分理论还有多种。例如，美国学者霍兰德的匹配理论，依据兴趣、职业匹配关系，把人的性格划分为实际型、调查型、艺术型、社会型、企业型和传统型。德国哲学家、教育家斯普兰格依据人的社会生活方式及价值观把人的性格分为理论型、经济型、审美型、社会型、权力型和宗教型。

（二）幼儿的性格特点

3~6 岁的幼儿在性格上会表现出一些共同的特点，具体表现有以下几方面。

1. 活泼好动

活泼好动是所有幼儿的显著特点，他们喜欢来回走动，翻上翻下，似乎永远不会感到疲倦。他们喜欢在成人的指导下做事，也乐意做一些力所能及的家务。

2. 喜欢交往

幼儿的亲子交往、同伴交往及师生交往是其交往的重要形式，在入园前，幼儿喜欢黏着父母，看到同龄伙伴也很容易玩到一起去；入园后，幼儿又特别愿意与同伴、教师一起做游戏，回家后还会和父母练习。这些交往有利于幼儿增强交往技能，构建良好的人际关系，保持愉快的情绪，促进良好性格的形成。

3. 好奇好问

幼儿生活经验有限，对许多事物都充满新鲜感。他们喜欢通过看一看、摸一摸、闻一闻等探索性的行为来了解事物，带着好奇心还会经常问“是什么？”“为什么？”等问题。

4. 模仿性强

模仿性强是幼儿期幼儿的典型特点，3~4 岁的幼儿表现得最为突出。幼儿模仿是其学习的最基本方式，模仿的对象主要是教师和父母，一起成长的大伙伴也会成为模仿的对象。幼儿希望通过对教师、父母、大伙伴行为的模仿而尽快长大。

5. 容易冲动

幼儿的情绪外露，喜怒哀乐不稳定，情绪也容易冲动。“小孩的脸如六月的天气，说变就变”说的就是幼儿情绪变化无常的特点。幼儿比较单纯、率真，会因为一句简单的夸奖而喜笑颜开，也会因为丢了玩具而瞬间号啕大哭。

拓展阅读

性格与气质的关系

性格与气质同属个性心理特征，二者既有联系又有区别。

1. 二者的联系

（1）气质可以使性格带有一种独特的色彩。

气质可以按照自己的动力特征影响性格的表现方式，使性格带有一种独特的色彩。例如，同样是对人友善的性格，多血质的人表现为亲切关怀，胆汁质的人表现为热情豪爽，黏液质的人表现为诚恳，抑郁质的人表现为温柔。

（2）气质可以影响性格形成和发展的速度。

在实际生活中，纯粹是一种气质类型的人比较少，一般都是两种或者三种类型的结合，但是人类所表现出来的更加突出的某一类气质类型会更容易促使个体形成某种性格特征。

例如，医院产科每天都会迎接许多新生命的到来，有些小婴儿出生的时候就很安静，吃奶后安安静静地自己躺着，而有些小婴儿就很容易大声哭闹，这就与人类先天的气质类型有关；又如，对于自制力的形成，胆汁质的人往往需要经过极大的克制和努力，而抑郁质的人则比较自然和容易。

（3）性格可以制约气质的表现，也可以影响气质的改变。

例如，一名黏液质的教师会由于多年从事学前教育工作，而渐渐变得活泼开朗。

不同气质类型可以形成同样的性格特征；同一气质类型也可形成不同的性格特征。

2. 区别

（1）形成条件不同。气质是天生的，受先天遗传因素的影响较大；而性格主要是在神经类型的基础上，更多地由后天环境塑造而成。

（2）稳定程度不同。同等环境影响下，气质变化较慢，可塑性较小；性格的可塑性较大。

（3）社会意义不同。气质类型无好坏之分，但性格特征有好坏之分，具有直接的社会意义。

——整理节选《幼儿心理学》，张丹枫、史献平

三、析一析幼儿能力的发展特点

能力是个体成功地完成某种活动所必须具备的个性心理特征。能力和活动是密切联系的，语言表达能力、观察能力、交往能力等都是个体成功完成相关活动所必备的，会通过个体的活动具体体现出来。例如，建筑师设计高楼大厦，必须具备设计的想象力；教师从事教育教学必须具备语言表达力、逻辑思维能力和学生管理能力等。

（一）幼儿能力的分类

人类所从事的活动丰富多彩，完成这些活动，所必需的能力也是多种多样的。根据不同的标准，可以分成不同的类别（见表 9-2-2）。

表 9-2-2　能力的分类

分类标准	类型	阐释
按照能力的倾向性不同	一般能力	指从事大多数活动所共同需要的能力，如一般的运动能力、操作能力和智力等，是最基本的能力
	特殊能力	指专门从事某种活动所需要的能力，这往往是多种能力的结合，如音乐能力、机械操作能力等
按照创造程度的不同	模仿能力	指个体模仿他人的知识与技能，进而发生与之相类似的活动能力，如幼儿游戏中的角色扮演，模仿成人的生活技能
	创造能力	指个体产生新思想、发现、创造、独特性、新颖性的新事物或新产品的能力，如幼儿对想象化的创造、发明创造等
按照功能的不同	认知能力	指个体学习、研究、理解、概括和分析的能力
	操作能力	指个体操纵、制作和运动的能力
	社交能力	指个体在社会交往活动中所表现出来的能力

（二）幼儿能力的发展特点

1. 多种能力初步发展

幼儿出生后经过家庭教育、游戏活动，以及幼儿园教育，不断积累了经验知识，掌握一定的技能，多种能力已初步发展，如感知觉能力，观察事物的能力，语言表达能力等。

2. 个体差异开始显现

幼儿个体的能力在形成过程中就已经开始表现差异性。不同的幼儿对同一种能力的掌握程度、运用程度不同；同一幼儿对不同能力的掌握程度、运用程度也不同。如在语言活动中，有人记忆能力好，有的记忆力差；有人动手能力弱，但言语表达能力强。

3. 智力能力发展迅速

3~6 岁是个体智力发展的重要阶段。研究表明，幼儿到 4 岁时，智力已经发展到了 50%，到 8 岁时，智力发展到 80%，发展速度明显减缓。所以，成人在幼儿 3~6 岁阶段的陪伴，培养显得非常重要。

4 特殊能力开始显现

个体在 3~6 岁时，某些特殊能力已经有所表现，例如音乐、绘画、舞蹈、体育等。

四、析一析幼儿自我意识的发展特点

自我意识是个体对自己及自己与周围事物关系的意识，是个性的重要组成部分。

（一）自我意识的结构

自我意识从形式上看包括自我认识，自我体验和自我调控；从内容上看包括物质自我、心理自我、社会自我（见表 9–2–3）。

表 9–2–3 自我意识结构表

从形式上看	自我认识	是自我意识的认知成分，是自我意识的核心及首要成分，是自我调节的心理基础，包括自我感觉、自我观察、自我分析和自我评价
	自我体验	是自我意识在情感方面的体现，是在自我认识基础上形成的对自我的情感态度，包括自尊心、自信心等
	自我调控	是自我意识的意志成分，表现为个体对自己的行为、活动和态度的调控，包括自我检查、自我监督、自我控制等
从内容上看	物质自我	是指自己的身体外貌、衣着装扮、言行举止以及所有物的认识与评价，也包括自己的家庭环境和家庭成员等
	心理自我	是指自己的智力、情感与人格特征以及所持有的价值取向和宗教信仰等
	社会自我	是指在人际交往中对自己所承担的角色和权利、义务、责任等，以及自己在群体中的地位、声望与价值的认识和评价

（二）自我意识的发展特点

在不同的发展阶段，自我意识的形成各有特点。3 岁以后，幼儿自我意识的发展主要体现在自我认识，自我评价，自我体验和自我控制上。

1. 幼儿自我认识的发展特点

自我认识的对象包括自己的身体、自己的动作、自己的心理活动等。

幼儿对自己身体的认识需要经过五个阶段：第一阶段幼儿不能意识到自己，也不能意识到自己身体各部分的存在；第二阶段能认识到自己身体各部分；第三阶段能认识到自己的整体形象；第四阶段能意识到自己身体内部状态；第五阶段能将名字和身体联系而在一起，这五个阶段步步深入。例如阿姆斯特丹著名的点红实验，选择了 88 名 3~24 个月大小的婴儿，在婴儿毫无察觉的情况下在婴儿鼻子上点一个无刺激红点，然后观察婴儿照镜子的反应，婴儿从一开始认不出来镜子里的自己，到开始对镜子里的人像感兴趣，发展到最后婴儿能明确意识到镜子里是自己，并且准确地用手能够去摸鼻子上的红点。

幼儿对自己动作的意识主要表现在：一是区分动作和动作对象；二是出现了最初的独立性。例如，踢球，看到球向前滚，感受到自己的力量，会主动踢球，就是区分了动作和动作对象；当幼儿在日常行为中拒绝成人帮助，而要“自己来”，就是出现了最初的独立性。

幼儿对自己心理活动的意识更难、更滞后。3 岁左右开始出现自己内心活动的意识，4 岁开始出现对自己认识活动和语言的意识。随着年龄增长，婴儿开始正确地使用代词“我”，意味着幼儿成为主体，意识到自己是各种行为和心理活动的主体。

2. 幼儿自我评价的发展特点

幼儿自我评价发展呈现以下特点：

（1）从依从性评价发展到自己独立评价

3~4 岁幼儿的自我评价往往只是成人评价的简单再现，尤其是家长和教师对幼儿的评价；5~6 岁的幼儿能够开始对成人的评价抱有怀疑态度，出现了自己的独立评价。例如，“老师说我是个好孩子。”“妈妈说我很棒。”等。

（2）从主观情绪性评价发展到初步的客观评价

3 岁左右的幼儿在评价人或事时，往往不从事实出发，而带有强烈的主观情绪；5~6 岁幼儿的评价则会逐渐变得客观起来，也显得理智。

（3）从笼统、模糊的评价发展到有针对性的评价

3 岁左右的幼儿在评价自己时，往往比较笼统、模糊，只会对个别方面进行评价；5~6 岁的幼儿在评价自己时逐渐变得有针对性，能够针对多方面进行评价。

（4）从对外部行为评价向内心品质评价过渡

幼儿最开始的自我评价比较明显地表现在对自己的外部行为上，只有很少大班的幼儿会在自我评价中涉及内在品质方面，也是过渡状态。例如，“你是个乖孩子吗？”“是啊，我听老师的话。”

总的来说，受认知水平和心理发展水平等的限制，幼儿的自我评价能力还很弱，容易受到成人的主导和影响。

3. 幼儿自我体验的发展特点

自我体验是个体在自我认识和评价的基础上形成的对自我的情感态度。幼儿自我体验的发展趋势和特点是：从初步的内心体验发展到较强烈的内心体验；从受暗示性体验发展到独立的体验。例

如，在 3 岁左右，幼儿出现了自尊、自信和羞耻感的萌芽，具体表现为幼儿会特别在意他人对自己的看法和评价，有强烈的上进心和好胜心，不怕困难，敢于探索，不希望受到批评，如果被批评了，常会出现脸红、低头和躲藏等行为。

4. 幼儿自我控制的发展

自我控制是个体对自己行为、思想、语言等方面的控制。幼儿自我控制发展的主要特点：从主要受他人控制发展到自我控制；从不会自我控制发展到使用控制策略；存在着性别差异，且受父母控制特征的影响较大。

一般来说，在 4~5 岁时，女孩自我控制水平的发展速度明显高于男孩，而到了 5~6 岁时，男孩自我控制水平的发展速度明显高于女孩。

精华提炼

任务 3　梳理培养幼儿个性化发展的方法

案例导入

在一次户外活动中，团团先霸占了自己喜欢的玩具小木马。接下来的时间，他自己不玩的时候，也不容许别人玩，引来其他幼儿的不满。老师发现后和团团交流，团团却振振有词地说道“这是我先拿到的，就是我的，他们又玩不来！”类似的事情发生了很多次。老师在家访中了解到，团团是独生子，家里人对他百般宠溺，他在家里几乎说一不二。

案例中团团的霸道个性是由家庭环境影响的。在幼儿个性养成的关键期，成人要正确地运用各种策略塑造幼儿的良好个性，为其健康成长奠定基础。

一、培养幼儿性格发展的方法

（一）一日生活规范塑造

幼儿园的一日生活是幼儿良好性格形成的基本途径，各个环节规范行为，有利于塑造幼儿良好性格品质。例如，上下楼梯靠右行；区角活动，分享玩具；体育活动不怕吃苦等，可培养孩子规则意识、分享、不怕吃苦等品质。

（二）游戏活动渗透塑造

游戏活动是幼儿最重要的学习方式，教师有必要专门组织相关的游戏活动，有意识地塑造幼儿的良好个性。例如，在角色扮演游戏中，教师可以专门让自私和不守规矩的幼儿扮演“交通警察”，学会为大家服务意识、懂得交通规则；让自私的幼儿扮演“妈妈”，学会照顾他人，为他人着想。

（三）良好家风积极塑造

家庭是幼儿健康成长的摇篮，良好的家风可以塑造出幼儿积极优秀的个性。家风好，家庭关系和谐、宽松，幼儿和父母、家人之间也会关系融洽良好。在这样的环境中，幼儿产生轻松愉快的心情，增强其对所从事活动的兴趣，还能有效地激发幼儿积极向上的意识，增强幼儿的独立自主性，减少其对成人的依赖，促进其养成良好的个性，如活泼、开朗、热情、乐观等。

（四）家园协同一致塑造

幼儿的成长离不开家园协同，幼儿个性的养成，更需要家长和教师全面、充分地沟通，相互支持，相互配合，协同塑造。如果幼儿园与父母存在教育观念不一致，步调也不一致，幼儿很容易幼儿园一个样，家里一个样，久而久之会产生疑虑，出现思想和行为混乱，进而无法形成统一的人格。

（五）榜样示范引领塑造

幼儿的个性在很大程度上受到榜样的示范引领。幼儿的第一榜样就是父母和教师，其次是优秀的同伴。作为幼儿的“偶像”，成人的一言一行都有可能被幼儿模仿，所以，成人一定要注意言行，用积极的行为为幼儿示范，引领塑造良好的个性。

（六）实践活动巩固塑造

学以致用是检验幼儿的个性发展的最好方式。在集体活动和实践活动中，集体的意见和要求，既制约着幼儿的行为方式，也能对幼儿已形成的不良性格特征进行纠正，这样既可检验，又可以是幼儿的个性趋于完善。幼儿的个性就这样在实践活动中不断检验、完善、巩固，不断循环而形成。

二、培养幼儿能力的发展方法

个体的能力发展既受先天素质的影响，又受教育、实践等后天因素的影响。一般而言，对幼儿能力的培养，成人应从以下几方面入手，并注意其内在联系，合理运用，积极培养。

（一）正确了解幼儿能力的发展水平

个体的能力是有差异的。在日常生活中，成人应注意观察，粗略评定幼儿的能力发展特点和水平，为因材施教做准备，采取的教育方法和措施才会更有针对性。如某幼儿天生喜欢听音乐，喜欢模仿唱歌，跳舞等，并显示一定的天赋，就可往这方面多一些培养，促使幼儿的主导能力得到充分发展。但是这种评定不精准，容易受到评价者的主观因素影响和幼儿能力的表现时段的影响，特别是对能力较弱等负性评价，要慎重，更不能贴标签式地阻碍幼儿能力的发展。

（二）帮助幼儿掌握相关的知识技能

只有掌握与能力相关的知识与技能，幼儿的能力才能得到相应的发展。例如，指导幼儿掌握正确的发音，丰富的词汇，抑扬顿挫，优美的姿势等普通话和主持人知识技能，可以促进幼儿语言表达能力的发展，进而向特长发展。正因能力和知识技能之间联系密切，幼儿阶段又是各项能力的启蒙和发展关键阶段，所以幼儿阶段要全面发展。

（三）组织活动培养幼儿的兴趣特长

幼儿的能力和兴趣是在相应的活动中形成和发展的。成人要有针对性地组织活动并引导幼儿积极参加，在活动中发现幼儿的兴趣和特长，并引导幼儿对相关的事物和活动进行积极探索，从而发展其对应的能力和兴趣。兴趣是最好的老师，凡是幼儿感兴趣的，幼儿投入的时间和精力就更多，也容易从兴趣发展到特长，进而优化能力的发展。例如，幼儿园的户外体育活动，可以培养幼儿的钻、爬、跑的基本动作技能，也能激发幼儿的体育兴趣，长期发展，有的可能就会发展成为优秀的运动员或体育特长生。

（四）注重差异培养幼儿的坚强意志

成人要科学客观地对待幼儿的能力差异，并积极发现、引导、发展。天生异禀的有，只是极少数，要善于发现，积极引导。个体能力一般的占据大多数，要发展得很好，坚强的意志不可缺少。个体能力弱的也不要放弃，“勤能补拙”“笨鸟先飞”也是很有道理的。还有成人不能只看到幼儿其中一个方面的能力，而应看到每个幼儿都有自身的优势和劣势。在幼儿能力发展中，尽量做到“扬长补短”“长善救失”，并培养幼儿坚强的意志，促进幼儿全面发展，促进幼儿特殊能力突出发展。

拓展阅读

科学家童第周——引领中国克隆走向世界的先驱

童第周是我国著名的生物学家，国际知名的科学家。他从事实验胚胎学的研究近半个世纪，是我国实验胚胎学的主要创始人，中国科学院学部委员（院士）、生物学家、教育家。

童第周出生在浙江省鄞州区一个偏僻的小山村里。由于家境贫困，直到 17 岁才迈入学校的大门。

读中学时，由于他基础差，学习十分吃力，第一学期末平均成绩才 45 分。学校令其退学或留级。在他的再三恳求下，校方同意他跟班试读一学期。此后，他就与“路灯”常相伴：天蒙蒙亮，他在路灯下读外语；夜熄灯后，他在路灯下自修复习。功夫不负有心人，期末，他的平均成绩达到 70 多分，几何还得了 100 分。

这件事让他悟出了一个道理：别人能办到的事，我经过努力也能办到，世上没有天才，天才是用劳动换来的。之后，这也就成了他的座右铭。

大学毕业后，他去比利时留学，获博士学位后，又回到灾难深重的祖国，进行科学研究工作。没有电灯，他们就在阴暗的院子里利用天然光在显微镜下从事切割和分离卵子工作；没有培养胚胎的玻璃器皿，就用粗瓷陶酒杯代替。

新中国成立以后，童第周担任山东大学副校长的同时，研究了在生物进化中占重要地位的文昌鱼卵发育规律，取得了很大成绩。到了晚年，他仍坚持研究，他创造性的成绩居于世界先进行列。

——整理节选《纪念童第周先生诞辰 110 周年——引领中国克隆走向世界的先驱》，中国科学院

三、培养幼儿自我意识发展方法

幼儿期是幼儿自我意识发展的重要阶段，成人要好好利用这段时间，引导幼儿形成良好的自我意识。

（一）正面适当的积极评价引导

幼儿常常以成人评价为依据来评价自己，因此，老师和父母对幼儿的评价方式直接影响着幼儿自我概念的形成和发展。在集体活动及日常生活中，教师和家长应注意自己的言行，以正面适当的积极评价，引导幼儿自我意识的健康发展。例如，幼儿在家里主动扫地或和客人打招呼时，家长给予勤快、有礼貌等评价，可以促使幼儿对自己的言行产生正确的认识，并以此规范自己的言行。

（二）日常生活的自立自信强化

幼儿在从事某项活动前，可能会有一定的想法，这是想自立的表现，成人应当给予适当鼓励和引导；当按着自己的意愿完成活动后，幼儿会感到成功，也会逐步建立自信。在日常生活的各个环节，成人多给予幼儿自我认识的机会，让幼儿在日常生活中不断地提升自我。例如，多让幼儿做一些力所能及的家务事，给予信任，放手幼儿，完成过后，多说一些“你真棒”“你能行”等鼓励，既增

强了幼儿的自我体验，又潜移默化地达到对幼儿自立自信的强化。

（三）游戏活动中自我控制训练

游戏活动是幼儿最喜欢的，也是自我控制训练的最好方法。在游戏活动中，有一定的规则大家都要遵守，也可以通过游戏角色发现一些自我不足。教师要注意引导幼儿自我控制的发展。幼儿的自我控制能力包括两种相辅相成的机能，一是发动和维持一种有目的的、指向性的行动，二是抑制一种合意的、但不符合社会要求的行为。例如，在体育游戏中，虽然幼儿很累了，想停下，但是在大家的鼓励下，他抑制了自己的行为，最终坚持活动到游戏结束。

（四）家园共育中协调全面养成

幼儿自我意识的养成不是单凭幼儿园教师就可以完成的，需要教师和家长的共同努力。教师要帮助家长了解培养幼儿自我意识的重要性，帮助家长全面地了解幼儿，指导家长掌握科学评价幼儿的方法，要求家长能够正确地评价幼儿。同时，家园协调，普及育儿理念，形成育儿合力，在家里也要坚持幼儿园的要求，从而全面培养幼儿自我意识的发展。

例如，幼儿园可以通过幼儿成长册、家长会、家长观摩活动等形式普及育儿方法，交流教育经验，指导家长正确地培养自己的孩子。

拓展阅读

幼儿的气质与教育

气质是与生俱来的，它本身没有好坏之分，每一种气质都既有优点又有缺点。教育的目的不是设法改变幼儿的原有气质，而是帮助幼儿克服原有气质的缺点，发展它的优点，并巧妙地利用不同气质类型幼儿的心理特点，因势利导，使其在原有气质的基础上养成良好的个性。基于幼儿不同的气质特点，可以实施以下教育。具体见表 9-3-1。

表 9-3-1　幼儿的气质与教育

气质类型	教育要点	教育重点
胆汁质幼儿	胆汁质幼儿的中心特点是“急”。对待这类幼儿，成人需要做的是克制自己的消极情绪，一定要冷静、有耐心，能够给幼儿留反省的时间。不能用简单粗暴的方法对待他们，否则只会使矛盾激化。应有意识地培养幼儿的自制力，让其不会冷静、沉着和有耐心	有耐心，鼓励其学会自我控制
多血质幼儿	多血质幼儿的中心特点是“活”。教育这类幼儿的要点是要求他们做事专心致志、持之以恒、敢于面对困难，促使其养成做事有计划、有目标，并努力落实的习惯，引导其保持稳定的兴趣。不能讽刺挖苦他们，以免打击他们的积极性	多倾听、多肯定、鼓励其做事要坚持不懈

续表

气质类型	教育要点	教育重点
黏液质幼儿	黏液质幼儿的中心特点是“慢和细”。成人应引导他们有创造性地完成任务，防止其墨守成规。对他们的要求既不能太高，也不能太低，以其经过努力就能完成为标准，然后逐渐提高要求，否则他们极易由于压力大而感到焦虑	及时沟通交流，鼓励其产生不断创造性的表现
抑郁质幼儿	抑郁质幼儿的中心特点是“敏感”。成人应多为他们提供社交的机会，扩大其交际圈，消除其胆怯和害羞的心理，防止其疑虑、孤独等消极品质的产生。要注意发扬他们的长处，并及时给予肯定，以增强其自信心。他们的自尊心很强，因此不要在公开场合批评和指责他们	多给予爱和关注，鼓励其大胆表现

——整理节选《幼儿心理学》，覃敏、彭本峰

任务 4　练习培养幼儿个性化的发展

一、口述或抄写培养幼儿个性化发展的方法

二、设计一节训练幼儿个性化的游戏活动

范例	学生设计活动
游戏名称：《宝宝变脸》 **游戏目的：**训练幼儿的不同个性。 **游戏准备：**准备五个宝宝脸和一些表情各异的眼睛、嘴巴道具。 **游戏方法：**幼儿在区域中选择适当的眼睛、嘴巴游戏方法——让幼儿在区域中选择适当的眼睛、嘴巴贴在宝宝脸上，以宝宝来反映自己的心情好坏。让幼儿有机会认识、评价、控制自己的情绪。 **游戏规则：**让老师在看到宝宝的表情后，采取不同的方式对待拥有不同情绪的幼儿	**游戏名称：** **游戏目的：** **游戏准备：** **游戏方法：** **游戏规则：**

三、试玩游戏活动

1. 合理分组，选举组长。
2. 组长扮演老师，组员扮演幼儿。
3. 组内体验、观察、总结、分享。

四、分享训练体会

1. 班上分享训练体会。

2. 总结培养幼儿个性化发展的方法和注意事项。

拓展阅读

“延迟满足”的实验

20世纪60年代，美国斯坦福大学的心理学教授沃尔特·米歇尔设计了一个著名的关于“延迟满足”的实验。研究人员找来数十名4岁左右的幼儿，让他们每个人单独待在一个有一张桌子和一把椅子的小房间里，桌子上的托盘里有这些幼儿爱吃的棉花糖。研究人员告诉他们可以马上吃掉棉花糖，或者等研究人员回来后再吃（如果等研究人员回来后再吃还可以再得到一颗棉花糖作为奖励），他们还可以按响桌子上的铃，研究人员听到铃声会马上返回。对这些幼儿来说，实验的过程颇为难熬。有些幼儿为了不去看那些诱惑人的棉花糖而捂住眼睛或是背转身体，还有一些幼儿开始做一些如踢桌子、拉自己的辫子，甚至用手去打棉花糖的小动作。实验结果表明，大多数的幼儿坚持不到3分钟就放弃了，一些幼儿没有按铃就直接把糖吃掉了，另一些则盯着桌上的棉花糖，半分钟后按了铃。大约只有三分之一的幼儿成功延迟了自己对棉花糖的欲望，等了大约15分钟，在研究人员回来后才吃了棉花糖，并得到了奖励。

从1981年开始，米歇尔团队一直坚持对当年的实验参与者进行研究，直到他们35岁以后。研究表明，当年不能等待的孩子在成年后有更高的体重指数并更容易有吸毒等方面的问题。

米歇尔认为，一个人的智商能否起作用关键在于他的自我控制能力，这个棉花糖实验对参与者的未来有很强的预测性；如果孩子可以控制自己而得到更多的棉花糖，那么他以后就可以去学习而不是看电视，将来他也会积攒更多的钱来养老。他得到的不仅仅是棉花糖。

此外，米歇尔团队还发现，19个月大的婴儿身上甚至也可以看出“延迟满足”的能力差异。把婴儿从母亲身边抱走，观察不同婴儿的反应。结果，有些婴儿会立刻哇哇大哭，有些则可以通过转移注意力的方式来克服母亲离开而产生的焦虑的情绪，比如玩玩具。当等到这些孩子5岁大时，研究人员给他们做了同样的棉花糖实验，实验显示，当初哇哇大哭的孩子在长大后依然无法抵挡棉花糖的诱惑。

这个实验目前可以说明，那些能够延迟满足的孩子自我控制能力更强，他们能够在没有外界监督的情况下适当地控制、调节自己的行为，抑制诱惑，坚持不懈地保证目标的实现。

——整理节选《棉花糖实验：自控力养成圣经》，［美］沃尔特·米歇尔著，任俊等译

思维导图

- 探究幼儿个性化的发展
  - 体验幼儿个性化的发展
    - 个性的概念：个性又称人格，是具有一定倾向性的各种心理特点或品质的独特结合，是一个相对稳定的体系。
    - 个性心理结构：个性倾向性系统、个性心理特征系统、自我意识系统
    - 个性发展的影响因素：生物因素、社会因素、个体自我意识
  - 分析幼儿个性化的发展特点
    - 幼儿气质的类型：胆汁质、多血质、黏液质、抑郁质
    - 幼儿气质的发展特点：稳定性、差异性、可变性
    - 幼儿性格的分类：外向型和内向型、独立型和顺从型
    - 幼儿性格的发展特点：活泼好动、喜欢交往、好奇好问、模仿性强、容易冲动
    - 幼儿能力的分类：一般能力与特殊能力、模仿能力与创造能力、认知能力与操作能力等
    - 幼儿能力的发展特点：多种能力初步发展、个体差异开始显现、智力能发展迅速、特殊能力开始显现
    - 自我意识结构：形式有自我认识、自我体验、自我调控；内容有物质自我、心理自我、社会自我
    - 幼儿自我意识的发展：自我认识、自我评价、自我体验、自我控制
  - 梳理培养幼儿个性化发展的方法
    - 培养幼儿性格的发展：一日生活规范塑造、游戏活动渗透塑造、良好家风积极塑造、家园协同一致塑造、榜样示范引领塑造、实践活动巩固塑造
    - 培养幼儿能力的发展：正确了解幼儿能力的发展水平、帮助幼儿掌握相关的知识技能、组织活动培养幼儿的兴趣特长、注重差异培养幼儿的坚强意志
    - 培养幼儿自我意识的发展：正面适当的积极评价引导、日常生活的自立自信强化、游戏活动中自我控制训练、家园共育中协调全面养成
  - 练习培养幼儿个性化的发展
    - 口述培养幼儿个性化发展的方法
    - 会设计训练幼儿个性化的活动
    - 会玩、会分享、会总结、会运用

技能高考

一、单项选择题

(　　)1. 某幼儿比较敏感、行动缓慢、易受挫折，由此可以判断该幼儿的气质类型是________。

A. 胆汁质　　B. 多血质　　C. 黏液质　　D. 抑郁质

(　　)2. 要求幼儿做事专心致志、持之以恒，使之养成做事有目的、有计划的习惯，主要针对的是________气质类型的幼儿。

A. 胆汁质　　B. 多血质　　C. 黏液质　　D. 抑郁质

(　　)3. 自我意识发展形成的主要标志是________。

A. 初步独立性的形成　　B. 能意识到自己的存在

C. 能意识到内心状态　　D. 掌握第一人称代词“我”

(　　)4. 学会等待是指幼儿自我控制能力中的________。

A. 自我调整　　B. 自我满足　　C. 延迟满足　　D. 自我约束

(　　)5. 幼儿自我评价开始于________。

A. 1~2 岁　　B. 2~3 岁　　C. 3~4 岁　　D. 4~5 岁

(　　)6. 一个幼儿说：“王阿姨说我是个好孩子。”这说明这个幼儿的自我评价处于________。

A. 独立的自我评价阶段　　B. 依从性自我评价阶段

C. 个别方面自我评价阶段　　D. 多方面自我评价阶段

(　　)7. ________是个体最早表现出来的个性心理特征，是一个人个性和社会性发展的基础。

A. 个性　　B. 气质　　C. 能力　　D. 性格

(　　)8. ________是指表现在个体对现实的态度和惯常的行为方式中比较稳定的心理特征。

A. 个性　　B. 性格　　C. 气质　　D. 能力

(　　)9. 影响个体思想、行为和情感的各种心理特征的总和构成了一个人的________。

A. 能力　　B. 气质　　C. 人格　　D. 性格

(　　)10. 每个人都具有独特的性格、能力和气质特征，也有不同的需要、兴趣和理想，说明人格具有________。

A. 独特性　　B. 稳定性　　C. 整体性　　D. 功能性

二、判断题（正确的打“√”，错误的打“×”）

(　　)1. 幼儿个性的发展会受到家庭、社会、网络等多种因素的影响。

(　　)2. 人格包括一个人的能力、气质、性格和情绪情感。

(　　)3. 好奇心强是幼儿性格的年龄特点之一。

(　　)4. 个体从刚出生开始，就显出具有个人特点的差异，这主要是气质类型的差异。

(　　)5. 从一个人的行为的一个方面可看出他的个性，这是个性整体性的表现。

(　　)6. “江山易改，本性难移”指的是气质。

(　　)7. “谈吐幽默、举止优雅、对人真诚”反映的是性格特征。

(　　)8. 个体在幼儿初期表现出来的音乐或绘画天赋可以看作是其特殊能力的体现。

(　　) 9. 5~6 岁的幼儿在评价自己时变得有针对性，能够进行多方面的评价。

(　　) 10. 个性心理特征不包括需要。

三、案例分析

俗话说“人上一百，形形色色”，说的是人与人之间在需要、兴趣、思想、能力、性格等方面有诸多不同。但是实践研究表明，双胞胎儿童在很多方面又会体现出一定的相似性。

问题：根据材料分析，影响幼儿个性形成的因素包括哪几个方面？

参考文献

[1] 覃敏，彭本峰 . 幼儿心理学 [M]. 南京：南京师范大学出版社，2018.

[2] 张丹枫，史献平 . 幼儿心理学 [M]. 北京：高等教育出版社，2014.

[3] 王振宇 . 幼儿心理学 [M]. 北京：人民教育出版社，2009.

活动 10　探究幼儿社会化的发展

活动导读

亲子交往是幼儿最重要的社会关系。亲子交往具有重要的意义，在人的成长中对幼儿的身心发展产生非常重要的影响。我们要培养幼儿具有较好的社会化，促进其健康快乐发展，首先要了解幼儿社会化概念，熟悉与之相关的内部活动过程和外部表现特征等基本知识；还要探究幼儿社会化发展的特点，掌握规律；再根据幼儿的整体特点和具体个性特点进行针对性培养，循序渐进的发展幼儿社会化。熟练运用相关策略促进幼儿园教育活动高效圆满完成。

学习目标

1. 理解幼儿社会化的概念。
2. 掌握幼儿社会化的发展特点。
3. 掌握培养幼儿社会化发展的方法。
4. 运用幼儿社会化发展理论提高幼儿园工作效率。

内容结构

学前构建	学后归纳
探究幼儿社会化的发展 — 体验幼儿社会化的发展 — 分析幼儿社会化的发展特点 — 梳理培养幼儿社会化发展的方法 — 练习培养幼儿社会化的发展	

任务1　体验幼儿社会化的发展

案例导入

“我要妈妈！我要回家。”这是航航在幼儿园说得最多的话。刚来幼儿园航航就比别的小朋友爱哭，别的小朋友来幼儿园的第三天就能够在大人离开后的一会儿后停止哭闹，自己玩玩具了，还能和老师一起做游戏了。可航航在早晨来园时不断地哭闹，不让妈妈离开，老师上课的时候，他吵着要老师打电话，“老师，给我妈妈打电话好不好，老师，打电话”。他如此反反复复地强调着。

航航的行为是典型的过度依恋行为，哭闹是幼儿分离焦虑显现的第一信号，在幼儿园由于环境的改变会引发幼儿的分离焦虑。分离焦虑是幼儿社会化发展的一部分。

一、说一说幼儿社会化的概念

幼儿社会化主要是指幼儿社会性的发展，即幼儿在参与社会生活的过程中，逐渐掌握社会交往的技能，能够按照社会规则行事，从而形成符合社会要求的愿望、情感和态度。

二、理一理幼儿社会化的分类

依恋关系和同伴关系既是幼儿社会性发展的重要内容，又是影响幼儿社会性发展的重要影响因素；性别角色是作为一个有特定性别的人在社会中适当的行为的总和，是社会性的主要方面；而亲社会行为和攻击性行为则是属于幼儿道德发展的范畴。幼儿社会化的主要类型见表 10-1-1。

表 10-1-1　社会化的分类及其特点

类型	概念	特点
亲子关系	父母与子女的关系。也可包含隔代亲人的关系，抚育关系和教养关系	具有一定的特殊性、依恋
同伴关系	儿童与其他孩子之间的关系，是年龄相同或相近的儿童之间的一种共活动并相互协作的关系	具有平等、互惠
性别角色	按照特定社会对男性和女性的期望而逐渐形成的行为	自我中心
亲社会行为	是幼儿道德发展的核心问题。又称积极的社会行为，通常是指个体对他人有益或对社会有积极影响的行为	具体包括分享、合作、帮助、抚慰、公德行为等
攻击性行为	也称侵犯行为，是以伤害他人或他物为目的的有意伤害行为，是幼儿发展过程中的一种不良社会行为	情绪不稳定、言语攻击、敌意性、报复性行为

续表

类型	概念	特点
道德的发展	是个体社会性发展的核心体现。是一个人依据社会的道德规范和行为准则在行动时表现出来的一些经常的、稳固的特性	四个基本要素：道德认知、道德情感、道德意志和道德行为，简称知、情、意、行

三、析一析幼儿社会化发展的影响因素

（一）内部因素

1. 生理成熟

根据格赛尔的成熟理论，个体的发展要以成熟为基础，而成熟则取决于基因所决定的时间表。在尚未成熟之前，幼儿的学习能力尚不具备，这时如果让他们学习某种知识或技能，就难以达到真正的学习目的。因此，教育者要尽可能在幼儿生理成熟的基础上提出恰当的要求，以促进积极社会学习行为的发生。

2. 气质

气质是一个人所特有的心理活动的动力特征，是个性和社会性发展的生物基础，气质是幼儿生来就带有的独特特点，它与人的解剖特点直接相关。2 岁之前，幼儿的个性尚未形成，幼儿的社会化和个体差异最初主要是由幼儿的气质所决定。

3. 认识发展水平

幼儿的社会性发展和认知发展相互依存。幼儿的某些特定社会技能只有在相应的认知机能形成之后才能出现，某一年龄阶段幼儿社会性发展的特点都可以从相应的认知发展阶段中找到根源。例如，亲子关系发展中幼儿的“分离焦虑”的产生是以认知发展中的“客体永久性”的形成为基础的，幼儿道德判断中的他律特征和自律特征分别与认知发展中的前运算阶段和形式运算阶段的思维发展水平直接相联系。

（二）外部因素

1. 家庭

家庭是幼儿社会化最初的环境，是幼儿社会性发展最重要和最具影响力的因素。家庭结构、教养方式、教育目标、社会地位、父母的个性等都会对幼儿的社会性发展产生影响。如完整的家庭结构、民主式教养方式、较高的期望、和谐的家庭环境等容易使幼儿形成健康的个性和积极的人生态度，实现良好的社会化。

2. 幼儿园

幼儿园可以通过形式多样的教育活动，将社会规范、道德价值以及知识和技能传授给幼儿，这对促进幼儿社会化的发展具有重要作用。幼儿园和谐的文化环境是重要的教育资源，也是幼儿健康发展的必要条件，是促进幼儿社会化健康发展的隐性课程。

3. 电视、网络传媒

电视、网络新媒体等都会对幼儿社会化产生直接或间接的影响。如，健康的电视节目有利于幼

儿社会观念的获得，能增进幼儿合作、帮助、谦让以及同情等亲社会性；不良电视节目等传媒信息也会对幼儿的发展产生很大负面影响。

4. 社区环境

社区环境与幼儿社会化发展越来越紧密。正如，社区是我家，人人爱护它。只有整洁有序、干净美丽的社区硬环境，加上和谐文明、积极进取的社区软环境，才更有利于幼儿实现良好的社会化发展，促进社会主义核心价值观深入人心。

四、论一论幼儿社会化发展的作用

（一）社会性发展是幼儿健全发展的重要组成部分

社会性发展与体格发展、认知发展共同构成幼儿发展的三大方面。在幼儿健全发展方面，社会化发展这个重要组成部分占有重要地位。

（二）社会性发展是幼儿未来健康发展的重要基础

社会性发展能满足幼儿社会交往、情感和认知的需求。如果幼儿期的社会性发展不良，将直接影响幼儿未来人格发展的方向和水平，进而影响幼儿未来的健康发展。也就是说，幼儿期的社会性发展在人的社会性发展全过程中占有极其重要的地位，它是幼儿未来人格发展的重要基础，也是幼儿未来健康发展的重要基础。

（三）社会性发展是落实社会主义核心价值观的重要基础

婴幼儿期的社会化发展得到良好支持，满足了幼儿社会交往、情感和认知的需求，有利于构建和谐人际关系和科学知识体系，认同各种规范，培养积极的行为方式和价值取向等，这些都是落实社会主义核心价值观的重要基础。

精华提炼

拓展阅读

党的十八大提出，倡导富强、民主、文明、和谐，倡导自由、平等、公正、法治，倡导爱国、敬业、诚信、友善，积极培育和践行社会主义核心价值观。富强、民主、文明、和谐是国家层面的价值目标，自由、平等、公正、法治是社会层面的价值取向，爱国、敬业、诚信、友善是公民个人层面的价值准则，这24个字是社会主义核心价值观的基本内容。

培育和践行社会主义核心价值观，是我们党立足推进中国特色社会主义伟大事业、实现中华民族伟大复兴中国梦的全局做出的重大决策，是凝魂聚气、强基固本的基础工程、战略工程，具有重大的现实意义和深远的历史意义。

——整理节选中共中央办公厅印发《关于培育和践行社会主义核心价值观的意见》，新华网

任务2 分析幼儿社会化的发展特点

案例导入

团团和朵朵正在画画，团团缺一支红色的画笔，她看见朵朵的笔盒里正好有一支，于是想也没想就伸手去拿，嘴里还说："这是我的！"朵朵也正想用这支笔，丝毫不肯让步。这下团团生气了，一下把朵朵的画画的东西全部推到地上，还打了朵朵一巴掌。

团团"将朵朵的东西推到地上和打人"的行为体现了幼儿攻击性行为的特点。攻击性行为是幼儿社会化的一个组成部分，下面一起分析一下幼儿社会化发展的特点吧。

一、析一析幼儿人际关系的发展特点

幼儿的人际关系主要包括亲子关系、同伴关系和师幼关系。

（一）幼儿的亲子关系的发展

1. 亲子关系

亲子关系是指幼儿与抚养人（主要是父母）之间的关系，是幼儿最重要的社会关系。幼儿社会性的发展首先是从家庭开始的，良好的家庭教育方式有利于幼儿社会性发展。不同的教养态度和教育方式会形成不同的亲子关系。常见的亲子关系有：民主型、专制型、放任型、忽视型。

（1）民主型

民主型的父母善于与子女交流，尊重子女的需要，支持子女的兴趣；同时对子女有一定的控制，会提出明确又合理的要求。父母与子女的关系越融洽，子女的独立性、主动性、自我控制、探索性等方面发展越好。

（2）专制型

专制型的父母对子女干预和禁止过多，态度简单粗暴，不允许子女对父母的决定和规定有反对意见。这种家庭环境下成长的幼儿，或是变得驯服，缺乏生气、情绪不安、退缩、怀疑，不喜欢与同伴交往；或是变得以自我为中心、胆大妄为，在家长面前和背后言行不一。

（3）放任型

放任型的父母对子女关怀过度、百依百顺、宠爱娇惯。如此，幼儿往往形成好吃懒做、生活不能自理、蛮横、自私、没有礼貌、自命不凡、害怕困难、意志薄弱等不良品质。

（4）忽视型

忽视型的父母对子女不关心、不信任，忽视他们的要求，情感上和子女疏离，对子女也没有什么期望。这种家庭环境下成长的幼儿容易形成自卑的心理，情绪低落、无助绝望，经常会喜怒无常，甚至出现违法乱纪行为。

研究表明，民主型亲子关系对幼儿身心健康发展最为有利。

2. 依恋

依恋是个体与养育者之间通过亲密互相形成的持久、强烈的情感联结。依恋是亲子关系的主要表现形式，是成人与幼儿之间的特殊亲密关系，是一切社会情感的基础，也是幼儿早期社会性发展的重要内容。

（1）婴儿依恋的发展

依恋最早源于婴儿与母亲（或其他养育者）的同步互动。依恋的形成与依恋对象采取何种态度对待婴儿，以及婴儿如何发出信号并对依恋对象做出回应有关，二者缺一不可。依恋的发展依次经历了无差别反应阶段、有差别反应阶段、特殊的情感联结阶段。

无差别反应阶段发生在 0~3 个月，该阶段婴儿认知水平受限，使其无法区分主要养育者和其他人，因此他们对所有人的反应几乎没有差别，只是根据本能发出一些信号或做出回应。

有差别反应阶段发生在 3~6 个月，该阶段婴儿已经能够将养育者（主要是母亲）与其他人区分开来，并开始表现出不同的反应，如母亲在场明显活跃些，而面对陌生人就会警惕很多。这个阶段又称依恋形成期。

特殊的情感联结阶段发生在 6 个月至 2 岁，该阶段婴儿与依恋对象之间情感联结才真正确立，表现出现明显的依恋。他们总是喜欢黏着母亲，并开始对陌生人产生警觉。这个阶段又称明确依恋期。由于依恋关系的明确，婴儿在 6 个月以后就会出现与依恋对象的分离焦虑和陌生人焦虑现象。

（2）幼儿依恋的类型

每个婴儿都有依恋行为的发生，但表现却不尽相同。心理学家安斯沃斯通过“陌生情景”实验研究了幼儿的分离焦虑和陌生人焦虑，他将幼儿的依恋分为不同的几种类型（见表 10–2–1）。

（3）幼儿依恋形成的原因

如母亲对幼儿不够负责任，对幼儿需要不敏感，经常表现出拒绝行为，对幼儿缺乏耐心，常常有反应迟钝等消极的反应，这样的幼儿就容易形成回避型不安全依恋；如母亲对幼儿的需要漠不关心，常常随心所欲地误解幼儿的需求，与幼儿之间没有形成和谐的相处氛围，幼儿就容易发展成焦虑一矛盾型不安全依恋。

表 10–2–1　依恋的类型、特点及其教养特征

类型	特点				教养特征
	母亲在身边时	陌生人在场时	母亲离开时	母亲回来时	
安全型依恋	自由地对周围环境进行探索，不总是依靠在母亲身边	友好地接近陌生人并对其做出积极的反应	探索行为明显受到影响，会感到焦虑与痛苦	立刻主动寻求与母亲的亲近，经安抚后很容易从痛苦中恢复过来并继续玩游戏	①父母对孩子的需要比较敏感，态度积极。 ②经常与孩子互动，一起做相同的事，为孩子的活动提供情绪的支持，并常常激励孩子

续表

类型	特点				教养特征
	母亲在身边时	陌生人在场时	母亲离开时	母亲回来时	
回避型依恋	不在乎母亲是否在身边，与母亲没有形成亲密的感情联结	更容易离开母亲参与到陌生环境中	没有表现出明显的反抗与分离焦虑	不予理会，更不会主动接近母亲，对于母亲主动亲近自己的行为，他们会采取转身离开等回避行为	①父母对孩子的需求不敏感，表现消极，很少满足孩子的需求。 ②很少从与孩子的亲密接触中获得乐趣。 ③对孩子过分热情、刺激过度，经常对孩子喋喋不休，强行给他们制造某些需要，让孩子不堪其扰
反抗型依恋	常依偎在母亲身边，不能自由地探索环境	对陌生人保持警戒，即使母亲在身边也是如此	母亲离开前就表现出高度的警惕，一旦母亲离开，就会出现强烈的分离焦虑与反抗	很难从痛苦中恢复，同时表现出寻求与母亲的接近和反抗接近的矛盾态度与行为	父母的教养方式通常不一致，对孩子时而热情时而冷淡。如此，孩子会对父母的态度和方式感到绝望，为了获得关注，他们要么黏住父母，要么哭闹，如果一切努力都无效，他们就会变得愤怒、怨恨

——整理节选《幼儿心理学》，覃敏、彭本峰

（3）幼儿依恋形成的原因

如母亲对幼儿不够负责任，对幼儿需要不敏感，经常表现出拒绝行为，对幼儿缺乏耐心，常常有反应迟钝等消极的反应，这样的幼儿就容易形成回避型不安全依恋；如母亲对幼儿的需要漠不关心，常常随心所欲地误解幼儿的需求，与幼儿之间没有形成和谐的相处氛围，幼儿就容易发展成焦虑—矛盾型不安全依恋。

美国心理学家托马斯研究团把早期幼儿的气质分为容易抚养型、困难抚养型和迟缓型。幼儿的气质类型为形成不同的依恋类型提供了生物学物质基础，但家庭教养方式才是决定形成依恋类型的主要原因。

（二）幼儿的同伴关系的发展

同伴关系是指年龄相同或相近的幼儿之间的一种共同活动并相互协作的关系，或者主要指同龄人或心理发展水平相当的个体间在交往过程中建立和发展起来的一种人际关系。

1. 婴儿期的同伴交往

出生后半年，婴儿才开始表现出真正意义上的同伴交往行为。3 岁前幼儿的同伴交往会经历 3 个阶段：

（1）客体中心阶段（0.5~1 岁）

幼儿间的同伴交往最初只是集中在玩具或物体上，而不是婴儿本身。随着婴儿的成长，出现了几种重要的社会性行为和技能：有意地指向同伴，向同伴微笑、皱眉以及使用手势；能够仔细观察同伴，这标志着婴儿对社会性交往有着明显的兴趣；经常以相同的方式对游戏伙伴的行为做出反应。

（2）简单交往阶段（1~1.5 岁）

此阶段是婴儿同伴交往的发生期，婴儿会尝试与其他婴儿互动，并会在接收到其他婴儿的互动信号时做出反馈。

（3）互补交往阶段（1.5~2.5 岁）

在此阶段，婴儿会在同伴交往中表现出一些合作互补的社会行为，最显著的特征就是幼儿相互模仿对方的动作。

2. 幼儿期的同伴交往

进入幼儿园后，幼儿与同伴在一起的时间增长，他们开始主动寻找同伴，喜欢与同伴一起活动、游戏，同伴间的社会联系逐渐成为幼儿生活的主要内容。

庞丽娟教授团队采用“同伴现场提名法”对幼儿的同伴社交类型进行研究，结果表明，幼儿的社交地位已经分化，主要有受欢迎型、被拒绝型、被忽视型。

受欢迎型的幼儿喜欢与人交往，常常表现出友好、积极的交往行为，因而受到大多数同伴的接纳、喜爱，在同伴中享有较高的地位，具有较强的影响力。从同伴提名分上看，他们的正提名分很高而负提名分很低。

被拒绝型的幼儿也喜欢交往，且活跃主动，但常常采取的是如强行加入活动、抢夺玩具等不友好的交往方式。这类幼儿攻击性行为较多，友好行为较少，故常常被多数幼儿所排斥、拒绝，在同伴中地位低，关系紧张。从同伴提名分上看，他们一般正提名分很低而负提名分很高。

被忽视型的幼儿不喜欢交往，他们常常独处或一人活动，在交往中表现得退缩或畏缩，他们既很少对同伴做出友好、合作的行为，也很少表现出不友好、侵犯性行为。他们被大多数同伴所忽视和冷落。这类幼儿的正、负提名分都很低。

从发展的角度看，在4~6岁范围内，随幼儿年龄增长，受欢迎幼儿人数呈增多趋势，而被拒绝幼儿、被忽视幼儿呈减少趋势。

3. 幼儿同伴关系的影响因素

（1）早期亲子交往的经验

亲子关系对今后的同伴关系有预告和定型的作用，幼儿在与父母的交往过程中不但实际练习着社交方式，而且发现自己的行为可以引起父母的反应，由此可以获得一种最初的“自我肯定”的概念。这种概念是幼儿将来自信心和自尊感的基础，也是其同伴交往积极、健康发展的先决条件之一。

（2）幼儿自身的特征

幼儿自身的身心特征一方面制约着同伴对他们的态度和接纳程度，另一方面也决定着他们自身在交往中的行为方式。首先，性别、长相、年龄等生理因素，以及姓名，影响着幼儿被同伴选择和接纳的程度。其次，幼儿的气质、情感、能力、性格等个性、情感特征影响着他们对同伴的态度和交往中的行为特征，由此影响同伴对他们的反应和其在同伴中的关系类型。对幼儿同伴交往关系影响最大的是其在交往中的积极主动性、交往行为及交往技能。

（3）活动材料和活动性质

活动材料，特别是玩具，是幼儿同伴交往的一个不可忽视的影响因素，尤其是婴儿期到幼儿初期，幼儿之间的交往大多围绕玩具而发生。玩具对幼儿同伴交往的影响还体现在玩具的不同数量和特征能引起幼儿之间不同的交往行为上。在没有玩具，或有少量小玩具的条件下，幼儿之间经常发生争抢、攻击等消极的交往行为：而在有大玩具，如滑梯、攀登架、中型积木等的条件下，幼儿之间倾向于发生轮流、分享、合作等积极、友好的交往行为。

活动性质对同伴交往的影响主要体现在，在自由游戏情境下，不同社交类型的幼儿表现出交往行为上的巨大差异，而在有一定任务的情境下，如在表演游戏或集体活动中，即使是不受同伴欢迎的幼儿，也能与同伴进行一定的配合、协作，因为活动情境本身已规定了同伴间的合作关系，对其行为提出了许多制约性。

（三）师幼关系的发展

师幼关系是指教师和幼儿在教育教学和交往过程中形成的比较稳定的人际关系。师幼关系与亲子关系、同伴关系等相比，它的独特之处就是蕴含着由明显的目的性和计划性而构成的“教育教学关系”。

1. 师幼关系的特点

（1）游戏性。幼儿园的活动以游戏为主，早期的师幼关系建立在游戏性体验基础上，这也体现了师幼关系的游戏性特点。

（2）稳定性和亲密性。师幼关系贯穿于一日生活的所有时间、活动和场景里。教师既是教育者，引导者，更是照料者，所以在幼儿的内心，教师是最信任、最稳定、最亲密的伙伴。

（3）内隐的长久性和外显的单向性。托幼机构中的幼儿在他们顺利进入下一阶段学习生活之后，因身心发展迅速等，常会出现不能清晰记忆早年的师幼关系、对以前教师的感情迅速转变、不再依恋等现象，并表现出外显缺失但内隐长期的影响，常造成早期教育机构教师单方面的情感回味等现象。

2. 师幼关系的类型

我国幼儿园教师与幼儿的关系主要有以下四种类型：

（1）严厉型。严厉型教师缺少对幼儿的情感支持，通常比较冷漠，批评和惩罚较多。

（2）灌输型。灌输型教师较为注重知识传授，很少根据幼儿的实际情况调整教育方式；在集体教育活动中总是说得多，幼儿的自主探究方面涉足很少。

（3）开放学习型。开放学习型教师非常重视幼儿知识的获得，并鼓励幼儿自主探究、自我发现。

（4）民主型。民主型教师重视幼儿的全面发展，并能充分理解和尊重幼儿的兴趣和需要。

二、想一想幼儿性别角色的发展特点

性别角色是指作为一个有特定性别的人在社会中适当的行为的总和。儿童性别角色行为的发展，是在对性别角色认识的基础上，逐渐形成较为稳定的行为习惯的过程，从而导致儿童之间在心理和行为上的性别差异。

（一）幼儿性别角色认识的发展

幼儿性别角色的认识经历了四个发展阶段，对于幼儿而言，主要经历了三个阶段的发展。

1. 知道自己的性别，并初步掌握性别角色知识（2~3 岁）

幼儿的性别概念包括两个方面：一是对自己性别的认识；二是对他人性别的认识。幼儿对他人的性别认识是从 2 岁开始的，但这时还不能准确说出自己是女孩还是男孩。大约到 2 岁半至 3 岁，绝大多数儿童能准确说出自己的性别。同时，这个年龄的儿童已经有了一些关于性别角色的初步知识，如女孩要玩娃娃，男孩要玩汽车等。

2. 自我中心的认识性别角色（3~4 岁）

这个阶段的幼儿已经能明确分辨出自己的性别，并对性别角色的知识逐渐增多，如男孩和女孩在穿衣服和游戏、玩具方面的不同等。但这个时期的幼儿能接受各种与性别习惯不符的行为偏差，如认为男孩穿裙子也很好。

3. 刻板的认识性别角色（5~7 岁）

这个阶段儿童不仅对男孩和女孩在行为方面的区别认识越来越清楚，同时开始认识到一些与性别有关的心理因素，如男孩要胆大、勇敢等，但对性别角色的认识也表现出刻板性。他们认为违反性别角色习惯是错误的。如一个男孩涂指甲油会遭到同性别孩子的嘲笑等。

（二）幼儿性别行为的发展

1. 性别行为的产生（2 岁左右）

2 岁左右是幼儿性别行为初步产生的时期，具体体现在幼儿的活动兴趣、选择同伴及社会性发展三个方面。例如，14~22 个月的幼儿中，通常男孩在所有玩具中更喜欢卡车和小汽车，而女孩则更喜欢玩具娃娃或柔软的玩具。

2. 幼儿性别行为的发展（3~7 岁）

进入幼儿期后，幼儿之间的性别角色差异日益稳定、明显，具体体现在游戏活动兴趣方面、选择同伴及同伴相互作用方面、个性和社会性方面。

（三）幼儿性别角色行为的影响因素

1. 生物因素

影响幼儿性别行为的生物因素主要是性激素（荷尔蒙）。研究发现，在胎儿期雄性激素过多的女孩，在抚养过程中虽然按女孩来养，但仍然具有典型假小子的特征。她们喜欢消耗多精力的体育活动，如踢球等，这种女孩在幼儿期也不喜欢玩娃娃。

2. 社会因素

社会文化因素主要是指家庭教育，父母的行为对幼儿性别角色和行为起着引导和强化作用。如男孩应该勇敢、像个男子汉，女孩则应该温柔、文静等；小女孩就开始学着妈妈的样子，给娃娃喂饭、拍娃娃睡觉；男孩则更容易看到爸爸做什么就学着做什么。

三、理一理幼儿社会行为的发展

（一）幼儿亲社会行为的发展

亲社会行为是个体社会化的重要内容，也是个体道德行为的组成部分，是人与人建立良好关系的基础，是受到鼓励和肯定的积极的社会行为。亲社会行为的发展是道德发展的核心问题，对幼儿的发展具有重要影响。

幼儿亲社会行为的特点：

1. 幼儿的亲社会行为主要指向同伴，极少数指向教师。

2. 幼儿亲社会行为指向同性伙伴和异性伙伴的次数存在年龄差异，小班幼儿指向同性和异性伙伴的次数接近，而中班和大班幼儿的亲社会行为指向同性伙伴的次数不断增多、指向异性伙伴的次数不断减少。

3. 在幼儿的亲社会行为中，合作行为最常见，其次是分享行为和助人行为，安慰行为和公德行为较少发生。

（二）幼儿亲社会行为的影响因素

1. 移情能力

移情是体验他人情绪情感的能力，是一种替代性的情绪反映。移情是亲社会行为的重要促进因素，是亲社会行为的重要动机之一，能够使幼儿做出更多的亲社会行为。例如，幼儿看到小朋友跌倒了，手上擦出了血，疼得直哭。这时成人在旁边引导孩子："你看那个小朋友跌出了血，很痛的呀！"然后问孩子："要不要帮助他？""怎样帮助他？"让孩子体会到对方的情感，通过移情，引导孩子实施具体的助人行为。有学者实验表明，移情训练对增强幼儿的助人、分享、合作、礼貌等亲社会行为具有非常显著的效果。

2. 认知水平

个体在做出某种亲社会行为时，首先必须对有关的众多信息进行认知加工，这种认知加工不仅涉及基本的认知过程，如知觉、思维等，而且还与个体对制约人际互动的社会规范的认知有密切的关系。近年来，心理学家特别强调社会观点采择能力在亲社会行为中的作用。提高幼儿观点采择能力，有利于幼儿更好的以别人的观点来看周围的事物，提高事物的认知水平。

3. 社会学习

由于幼儿通过观察学习、模仿他人行为的能力很强，所以幼儿面临的亲社会行为越多，越有利于幼儿形成亲社会行为。如幼儿的父母、老师时刻做出积极的亲社会行为，为幼儿示范，并起到正面榜样的作用。同时，利用好网络媒体等对幼儿的积极影响，防范其不良影响。

（三）幼儿攻击性行为的发展

攻击性行为分工具性攻击和敌意性攻击。工具性攻击行为指幼儿为了获得某个物品所做出的抢夺、推搡等动作，这类攻击本身指向于一个主要的目标或某一物品的获取。例如，两个小朋友争抢玩具，他们都是为了得到喜欢的玩具，而不是为了伤害对方。敌意性攻击则是以人为指向，目的在于打击、伤害他人，如嘲笑、殴打等。

1 岁左右幼儿开始出现工具性攻击行为，到 2 岁左右幼儿之间表现出一些明显的冲突，如打、推、咬等。接着攻击性行为的数量逐渐增多，到 4 岁最多，之后数量就逐渐减少。中班开始逐渐增加言语的攻击。小班幼儿的工具性攻击行为多于敌意性攻击行为，而大班幼儿的敌意性攻击显著多于工具性攻击。男孩的攻击性行为多于女孩。

（四）幼儿攻击性行为产生的原因

1. 生物学因素

据研究表明，在幼儿攻击性行为的影响因素中，遗传因素约占一半以上。情绪容易激动、反应速度快等气质类型的幼儿更容易产生攻击性行为。幼儿的这类气质跟父母的遗传有关。

2. 家庭教养方式

家庭教养方式过于放任或粗暴都会导致幼儿出现更多的攻击性行为。

3. 大众传媒

随着网络媒体等大众传媒的普及，幼儿接触到攻击性榜样的概率也在增加，导致幼儿从中习得各种具体的攻击性行为。

4. 挫折经历和不当强化

攻击性行为产生的直接原因主要是挫折。研究认为，一个受挫折幼儿很可能比一个心满意足的孩子更具攻击性。过多的挫折经历也对导致幼儿产生过多的攻击性行为。还有在幼儿出现攻击性行为时，父母或教师不加制止或听之任之，这种不当的处理方式等于强化了幼儿的攻击性行为。

四、议一议幼儿道德的发展

（一）幼儿道德发展的阶段

关于幼儿道德的发展，一直以来是心理学家、教育学家重视的课题，在这个领域呈现出许多研究。心理学家皮亚杰认为，幼儿道德的发展，主要在道德认识—道德判断方面，具体表现为幼儿对于规则态度的发展。他认为幼儿道德判断的发展经历两个阶段：

①他律阶段。即按照外在的、主要是成人的标准进行道德判断。

②自律阶段。即根据自身内在的主观价值标准进行道德判断。皮亚杰认为，只有达到这种水平，幼儿才算有了真正的道德。

除此之外，科尔伯格将幼儿的道德发展划分为“三水平六阶段”。

1. 前习俗水平（出现在幼儿园及小学低中年级）

这一水平的幼儿的道德判断着眼于人物行为的具体结果和自身的利害关系，包括两个阶段：

①服从于惩罚的道德定向阶段（惩罚和服从的定向阶段）

这一阶段的幼儿以惩罚与服从为导向，由于害怕惩罚而盲目服从成人或权威。道德判断的根据为是否受到惩罚，他们认为凡是免受惩罚的行为都是好的，遭到批评、指责的行为都是坏的，缺乏是非善恶的观念。

②相对的功利主义的道德定向阶段（工具性的相对主义定向阶段）

这一阶段的幼儿对行为的好坏的评价首先是看能否满足自己的需要，有时也包括是否符合别人的需要，稍稍反映了人与人之间的关系，但把这种关系看成类似买卖的关系，认为有利益的就是好的。

2. 习俗水平（小学中年级以上）

这一水平的幼儿的特点是：能了解、认识社会行为规范，意识到人的行为要符合社会舆论的希望和规范的要求，并遵守、执行这些规范。包括以下两个阶段：

①人际和谐（或好孩子）的道德定向阶段

此阶段的幼儿以人际关系的和谐为导向，对道德行为的评价标准是看是否被人喜欢，是否对别人有帮助是否会受到赞扬。为了赢得别人的赞同，当个好孩子，就应当遵守规则。

②维护权威或秩序的道德定向阶段

此阶段的幼儿以服从权威为导向，服从社会规范，通守公共秩序，尊重法律的权威，以法治观念判断是非，知法守法。

3. 后习俗水平

该水平的特点是：道德判断超出世俗的法律与权威的标准，而以普遍的道德原则和良心为行为的基本依据。包括以下两个阶段：

⑤社会契约的道德定向阶段

这一阶段的幼儿认识到法律，社会道德准则仅仅是一种社会契约，是大家商定的，是可以改变的，一般他们不违反法律和道德准则，但不用单一的规则去评价人的行为，表现出一定的灵活性。

⑥普遍原则的道德定向阶段

此阶段的个体判断是非不受外界的法律和规则的限制，而是以不成文的，带有普遍意义的道德原则，如正义、公平、平等、个人的尊严、良心、良知、生命的价值、自由等为依据。

（二）幼儿道德发展的特点

幼儿的道德认知水平是个体道德发展的初始阶段，主要表现出具体性、他律性、模仿性、情绪性四个特点。

幼儿的思维处于具体形象思维阶段，故他们对于道德行为的认识也是具体的、形象的、带有情境性的。

幼儿的道德判断只能按照成人的标准来进行，故他们的道德行为具有他律性。例如，幼儿完成了老师布置的任务受到表扬时，感到美滋滋的；要是没有受到表扬就会失落。

模仿是幼儿典型的学习形式，他们经常学父母、老师或同伴的语言、动作、行为等。故幼儿的道德行为也表现出最显著的模仿性。

幼儿的道德判断常常受到自身情绪的影响。当他们情绪愉快时，道德判断倾向更积极；当他们情绪消极时，就会认为什么都是坏的，甚至会产生消极抵触的情绪。

（三）幼儿道德发展的影响因素

1. 幼儿的认知发展水平

幼儿道德的发展，有赖于认识的发展，认识的发展是道德发展的必要条件，这是由于幼儿的道德，并不是自己头脑中自发产生的，也不是可以脱离心理实际水平任意灌输的。道德的发展有赖于幼儿本身对行为准则的理解，有赖于对事实的判断。而这种理解和判断，取决于幼儿的认识水平。当幼儿不能认识某种行为准则的内容和意义，不能正确判断行为的真正价值时，他就不可能有真正自觉的道德行为。

2. 家庭教育及父母的影响

家庭德育、幼儿园德育、社会德育是德育教育的三个组成部分，其中家庭德育是幼儿园德育和社会德育的前提和保证。家庭是幼儿最早接触的社会环境，家庭环境、教养方式、亲子关系会直接影响到幼儿道德的形成和发展。同时，父母的言传身教会对幼儿产生潜移默化的影响，家庭的行为准则会直接影响幼儿对于遵守社会道德规范认知的形成。

3. 同伴交往及活动

同伴交往是幼儿实践道德行为的重要途径。同伴之间的相互影响能使幼儿形成良好的社会行为习惯，同伴的行为模式会影响幼儿的行为发展，同伴之间的交往有利于幼儿道德情感的发展。

游戏是幼儿的基本活动，尤其是角色游戏在幼儿社会性认知和社会能力发展中起着重要的作用。通过模仿和练习在角色扮演过程中的言行举止，体验在角色扮演过程中的情感，幼儿能够逐渐学会遵守游戏规则、处理与同伴之间的矛盾，从而促进其道德行为的发展。

4. 教师及榜样作用

教师在幼儿道德发展过程中具有不可替代的作用。教师的权威和表率作用是幼儿良好道德形成的重要保证。幼儿的道德发展具有他律的特点，教师的要求往往会成为他们的行为准则，具有权威性。教师要意识到自己的表扬与批评都会对幼儿的道德认知、道德情感和道德行为的发展产生非常重要的影响。同时，教师要为幼儿树立道德学习的榜样，让他们通过观察学习，养成良好的道德行为习惯。

任务 3 梳理培养幼儿社会化发展的方法

案例导入

有次午饭前，小朋友都在排队洗手。豆豆洗完手，擦手时发现森森的手帕上有一个神奇的奥特曼图案。他便伸手就要抢，森森不给，他张嘴就咬在了森森的手上。老师赶紧制止，可森森的手上还是有了一排牙印，豆豆却还站在一旁盛气凌人地说："叫你不给我！"

豆豆个性外向、争强好胜，存在攻击性的倾向。这样的孩子，如果不加以引导，不但会在人际交往方面出现问题，还会影响品格塑造。成人一定要高度重视，采取适当的方式、方法促进幼儿亲社会行为的发展。

一、建立安全型依恋

（一）遵循幼儿成长规律

了解幼儿的身心特征是进行教育的基础，也是形成安全型依恋的前提。幼儿期是幼儿依恋形成的关键期，在这段时期进行行之有效的依恋培养，将取得事半功倍的效果。

1. 了解生理成熟机制

幼儿的身心发展具有独特的规律，把握依恋形成的关键期，并进行积极引导将会取得事半功倍的效果。例如，记忆的出现使幼儿能够分清亲人与陌生人，这是依恋出现的萌芽；客体永久性则让依恋建立成了可能，幼儿可以放心大胆地在家里进行探索活动，为亲密的亲子关系奠定了基础。

2. 把握心理发展特征

不同幼儿表现出不同的特点，如性格、能力、兴趣、气质等。我们应根据不同气质类型的幼儿进行有针对性的引导。比如困难型幼儿，成人需要付出较大的体力和精力，摸清他们的生活规律，调整自己的行为配合幼儿的发展；对于迟缓型幼儿，需要付出更多的耐心，要环境宽松愉快，多用积极情绪和行动唤起幼儿的反应。这两类幼儿，如果能得到成人的抚爱和正确的教育，他们气质会向积极的方向转化，并获得安全型依恋。

（二）提高抚育的质量

幼儿一出生就处于社会环境中，成人尤其是母亲的喂养方式和与婴儿相互作用的方式是影响幼儿依恋形成的关键因素。母亲对婴儿的喂养方式和教养态度在很大程度上影响着婴幼儿对自身的看法和其行为模式。对幼儿日后人格个社会性的形成都有很大影响。因此合理健康的育儿方式有助于幼儿形成安全型的依恋。因此照料者应该做到以下几点：

1. 尽量满足幼儿的合理需要

幼儿的需要包括生理需要和心理需要。大多数的父母对幼儿的生理需要能及时给予满足，而忽视幼儿的心理需求。幼儿的心理需要主要体现在父母的关注、关爱、照顾等的情感需要和活动需要。

所以在喂食和起居方面，照料者要随时关注幼儿的需要，给予及时的照顾；在照料方式上，营造轻松愉快的环境，不强迫幼儿进食；经常拥抱触摸幼儿；关注幼儿眼含爱意；面带微笑，多做交流等。

2. 保持照料者的长期性

对于孩子的照料者不应经常更换，特别是主要的照料者。经常更换照料者不利于幼儿形成安全型依恋，不利于健全人格的发展。成人还应该主动调节自己的行动以适应幼儿的行为发展。

（三）创造健康宽松的家庭环境

温暖、互助、和睦的家庭氛围有助于幼儿安全型依恋的形成；反之冷漠、疏远、拒绝的家庭氛围会使幼儿形成不安全的依恋。有研究指出，在童年父母离婚或分居，孩子形成不安全的依恋居多，更易产生攻击性等行为。

一个良好的家庭环境，首先要给予幼儿一个健康、宽松、稳定的家庭结构。包括家庭成员的完整，家庭物理环境的适合。家庭成员中对幼儿影响最大的往往是母亲，所以母亲的缺失会严重影响幼儿安全性依恋的形成。其次父母的教养方式和教养态度也会影响幼儿的气质和个性倾向。研究发现，父母是支配型的幼儿容易表现出服从、胆小和懦弱。因此父母必须形成正确的教养方式和态度，对幼儿严宽得当。再次家庭成员间要关系融洽，和睦相处。抚养者要有良好的素质，家庭气氛要民主、平等，相互尊重，通过对幼儿日常生活的影响来使其形成安全的依恋。

二、构建良好积极的同伴关系

良好积极的同伴关系是幼儿心理健康发展的重要精神环境，有利于幼儿形成自尊、自信、活泼开朗的性格。而同伴交往困难将影响幼儿以后的社会适应性，幼儿会因为幼儿期没有学会必要的交往技巧而产生一系列心理困扰，如自卑、孤独、攻击他人等。

（一）创设交往情境

利用生活中的自然情境，帮助幼儿建立和谐的同伴关系。在生活中，教师可以利用一些自然发生的情景，帮助幼儿寻找游戏伙伴，鼓励幼儿多结交新朋友。在活动中，教师要及时表扬那些主动与同伴一起玩玩具的幼儿，促使幼儿之间建立起平等友好的关系。

（二）教授交往技能

通过开展各种活动增加交往机会，传授幼儿必要的社会交往知识和技能，特别是要重视培养幼儿的亲社会行为，注意矫正幼儿的攻击性行为。教师可以运用移情训练法、角色扮演法等来培养幼儿的亲社会行为。

（三）丰富游戏活动

通过丰富的游戏活动激发幼儿的交往兴趣，历练交往技能。在游戏中，幼儿以愉快的心情，兴趣盎然地表演、交流、互动，不知不觉练习发展着交往技能，对教师的启发、引导更容易接受。

（四）密切家园合作

密切教员合作，保持家园教育的一致性。社会行为的学习、交往能力的培养是一个长时间的连续的过程，家长和教师只有一致要求，共同培养，才能取得较好的效果。

三、促进幼儿的亲社会行为

幼儿是祖国的未来和希望，肩负着祖国建设的重任。幼儿的亲社会行为，对幼儿的身心健康发展至关重要，也是教育领域中重要部分，需要用心培养。

（一）角色扮演法

成人创设不同的情境，丰富角色扮演游戏，让幼儿根据一定的情节扮演某个角色，在扮演中通过语言、姿势、动作、表情等，体验不同情境下的角色心理，提高移情能力和换位思考能力，从而促进幼儿亲社会行为的产生。例如，幼儿在特定的情境中表演故事，能自然而然地体会到角色的情感，感受故事中人物的内心世界，积累经验，遇到现实生活中类似情况可以做出恰当的反应。

在角色扮演游戏中，幼儿还可以学会识别和感受他人的情绪体验，学习处理矛盾冲突的技能。当幼儿在现实中遇到困难时，成人要给足空间，让幼儿学以致用，让幼儿在自己处理矛盾冲突的过程中得到磨炼和成长，以此不断发展幼儿的亲社会行为并转化为自觉行为。

（二）榜样示范法

幼儿亲社会行为的学习和形成，主要通过观察性的学习和模仿实现的。幼儿置身于社会之中，父母、老师以及电影、电视、故事中的主人公，都是幼儿学习和模仿的对象，其中，父母和老师的影响最为明显。所以，父母和老师一定要做好榜样示范。还有在幼儿中树立幼儿模样，也是激发幼儿亲社会行为产生和发展的好方法。例如，日常生活中，成人之间的谦让互助、合作分享、利他行为等幼儿会模仿；幼儿园表彰三好学生、阅读之星、劳动之星等，幼儿也会向他们学习。

（三）激励强化法

幼儿亲社会行为的发生无论是自觉的还是不自觉的，都想要得到群体的认可。成人要抓住时机及时对幼儿利他行为进行表扬与鼓励，进行及时强化，使幼儿获得积极的反馈，以达到逐渐巩固其亲社会行为的目的。

激励强化尽量用正强化法，以精神奖励为主，如当众口头表扬、奖励小红花、设立班内光荣榜等，营造积极亲社会行为的氛围，用集体舆论加重精神鼓励在幼儿心目中的分量，使幼儿愿意践行亲社会行为。

四、干预幼儿的攻击性行为

教师应了解幼儿攻击性行为产生的原因，针对具体情况采取相应的干预措施，纠正幼儿的攻击性行为。

（一）构建和谐的家庭关系

父母是幼儿的第一任老师，是他们最早的模仿对象，一个结构完整、温馨和谐、积极向上的家庭，是幼儿健康成长的保证。面对家庭矛盾、家庭困难时，父母的处理方式就是幼儿的活教材，如父母在幼儿面前正面冲突，甚至使用暴力，一定会让幼儿习得攻击性行为；如父母在幼儿面前和睦相处、互帮互助，那幼儿也会学习到合作、和谐、分享、互助等亲社会行为。

同时，在亲子关系中，父母要做好幼儿的听众，尊重幼儿的合理需求，了解幼儿的真实想法，并及时做出适当的回应。对幼儿不溺爱，不放任，让幼儿感觉到自己既被尊重，也被正面管教。

（二）教授合理的宣泄方式

弗洛伊德认为，攻击是先天的破坏本能，不能消除，只能加以疏导。幼儿的不良情绪，更是宜疏不宜堵。当幼儿出现不良情绪时，成人不能一味地教导幼儿控制和压抑，而是应教会幼儿用适当的宣泄方法以发泄不良情绪。常用的方法有：一是引导幼儿用言语来倾诉；二是选择合适的时间和地点，大喊、大叫、大哭等方式发泄；三是参加有趣的游戏或活动，转移不良情绪。

（三）运用健康的大众传媒

现在网络发达，手机、电视、网游等都无时不在影响者幼儿的发展。成人要运用好健康的大众传媒，不要让幼儿接触带有暴力倾向的图书、电视剧或游戏等。如果看到相关图片和情节，成人要及时帮助幼儿理解角色的行为，强化相关内容的正面影响，减少负面影响。

（四）干预幼儿的侵犯事实

当幼儿的攻击性行为发生后，成人应立即进行干预，维护被攻击者的权益，让幼儿认识到攻击性行为是不被接受的。同时，成人要帮助攻击性行为的幼儿认识到自己的错误并向被攻击者道歉。如果周围有目睹攻击性行为发生的幼儿，也应对他们进行正面教育，积极营造亲社会行为的氛围。

（五）发掘幼儿的优势能力

经常产生攻击性行为的幼儿由于自身某种能力的缺陷，一般无法从正常途径得到他人的赞扬与认可。成人要注意观察，发掘攻击性行为幼儿的优势能力，并以表扬等正强化的方式发展幼儿的优势能力，由此减少并预防其攻击性行为的再次发生。

幼儿的攻击性行为在幼儿园里发生的频率越来越高，成人应该引起高度重视，家园密切合作，强化行为指导，强化教育的一致性，促进幼儿亲社会行为良好发展。

拓展阅读

班杜拉认为，如果将有攻击性行为的幼儿置身于无攻击性行为的楷模中，可减少其攻击性行为；如果让有攻击性行为的幼儿观察其他幼儿因攻击性行为而受到禁止或惩罚，也可起到同样的作用。布朗和埃里特提出，成人应对幼儿的攻击性行为采取不予理睬的方式，并对合作性行为给予奖励，这样就可以减少幼儿的躯体或言语攻击性行为；也有人认为，采用暂时隔离法也是矫正攻击性行为的一种方法。

但不论如何，成人都不可以采取体罚的方式去禁止幼儿的攻击性行为。因为体罚本身就可能会对幼儿起到示范作用，成为幼儿的模仿对象，往往反而会增加幼儿的攻击性行为。

——整理节选《幼儿心理学》，张丹枫、史献平

任务 4　练习培养幼儿社会化的发展

一、口述或抄写培养幼儿社会化发展的方法

二、设计一节训练幼儿社会化发展的游戏活动

范例	学生设计活动
游戏名称：《小小理发店》（大班） **游戏目的**：训练幼儿的社会化发展能力。 **游戏准备**：幼儿能够熟练模仿理发店的扮演角色。 **游戏方法**：三人一小组，分工扮演角色。 **游戏规则**：幼儿按分工扮演角色，模仿理发师，招揽顾客员工，顾客，教师引导点拨	**游戏名称**： **游戏目的**： **游戏准备**： **游戏方法**： **游戏规则**：

三、试玩游戏活动

1. 合理分组，选举组长。
2. 组长扮演理发师，组员扮演招揽顾客员工和顾客。
3. 组内体验、观察、总结、分享。

四、分享训练体会

1. 班上分享训练体会。
2. 总结培养幼儿社会化发展的方法和注意事项。

拓展阅读

培养幼儿亲社会行为的几种方法：

第一，角色扮演法。

这是一种使人暂时置身于他人的位置上，这对幼儿来说是非常有效的，它不仅满足幼儿易模仿的天性，同时又成为幼儿理解他人处境的直接途径，有利于培养幼儿助人为乐、同情他人等亲社会行为。例如让他们扮演摔倒在地的弟弟，妹妹的角色中体验到痛苦或是在扮演被欺负的同伴时体验到难堪和委屈，类似的情感体验使幼儿更容易理解他人，更容易产生亲社会行为。

第二，移情训练法。

这是一种训练方法，可以提高幼儿体验他人情绪的能力，理解他人的情绪，并与他产生共鸣。例如，当一个幼儿向另一个幼儿赠送一个心爱的玩具时，幼儿被引导分享玩具是多么快乐而快乐；当一个幼儿打人并推倒别人时，他会激励他思考，并为他人悲伤而悲伤。随着时间的推移，幼儿可以从别人的角度思考问题，为同龄人的高兴而高兴，并对同伴的焦虑而焦虑。通过这种方式，幼儿有了帮助人的概念，并且很容易产生亲社会行为。

第三，生活教育。

生活是最好的老师，生活中的教育是随机的，教育无处不在。幼儿爱看电视，还很喜欢图书中那些卡通形象，可以充分利用这些卡通形象进行教育，则会比单纯的说教效果好得多，但是前提要选择那些思想内容健康向上，富有教育意义的艺术形象，而不要给他们充满暴力内容的图书和影片，看到有幼儿迷路了，让幼儿想想怎么帮助他，然后一起帮助他给迷路的幼儿指路，看到幼儿愉快地回家，会增强他帮助他人的意识。

——整理节选《浅谈幼儿亲社会行为及其培养策略》，田美芳

思维导图

- 探究幼儿社会化的发展
  - 体验幼儿社会化的发展
    - 幼儿社会化的概念：幼儿在参与社会生活的过程中，逐渐掌握社会交往的技能，能够按照社会规则行事，从而形成符合社会要求的愿望、情感和态度
    - 幼儿社会化包括：亲子关系的发展、同伴关系的发展、性别角色的发展、亲社会行为的发展、攻击性行为的发展、道德的发展
    - 幼儿社会化发展的影响因素：内部因素、外部因素
  - 分析幼儿社会化的发展特点
    - 幼儿人际关系：亲子关系、同伴交往关系、师幼交往
    - 依恋的类型：安全型依恋、回避型依恋、反抗型依恋
    - 亲子关系：民主型、专制型、放任型、忽视型
    - 幼儿性别角色的发展特点：知道自己的性别、自我中心的认识性别角色、刻板的认识性别角色
    - 幼儿亲社会行为：合作、助人、分享、安慰
    - 亲社会行为的影响因素：移情能力、认知水平、社会学习
    - 攻击性行为：工具性侵犯、敌意性侵犯
    - 幼儿攻击性行为的发展特点：2岁以后，幼儿身体攻击的频率降低，言语攻击的频率提高、4~5岁时，是幼儿攻击性行为的高发年龄段、5岁之后幼儿攻击性行为逐渐减少
    - 幼儿攻击性行为产生的原因：生物学因素、家庭教养方式、大众传媒、挫折经历和不当强化
    - 幼儿道德的发展：具体性、他律性、模仿性、情绪性
  - 梳理培养幼儿社会化发展的方法
    - 建立安全型依恋：遵循幼儿成长规律、提高抚育的质量、创造健康宽松的家庭环境
    - 构建良好积极的同伴关系：创设交往情境、提供交往技能、丰富游戏活动、密切家园合作
    - 促进幼儿亲社会行为发展：角色扮演、榜样示范法、激励强化法
    - 干预幼儿攻击性行为发展：构建和谐的家庭关系、教授合理的宣泄方式、运用健康的大众传媒、干预幼儿的侵犯事实、发掘幼儿的优势能力
  - 练习培养幼儿社会化的发展
    - 口述培养幼儿社会化发展的方法
    - 会设计训练幼儿社会化的活动
    - 会玩、会分享、会总结、会运用

技能高考

一、单项选择题

(　　) 1. 在母亲离开时无特别紧张或忧虑的表现，在母亲回来时，欢迎母亲的到来，但这只是短暂的，这种幼儿可能属于________依恋。

A. 回避型　　B. 安全型　　C. 反抗型　　D. 迟钝型

(　　) 2. 幼儿会边玩自言自语，或者多名幼儿以一种方式玩同样的游戏，但彼此之间没有联系、没有合作意图，这种游戏类型为________。

A. 平行游戏　　B. 独立游戏　　C. 联系游戏　　D. 合作游戏

(　　) 3. 性格内向、喜欢安静、性情温顺、不爱说话、胆子较小更愿意单独活动，常处于群体中边缘地带的这类幼儿属于同伴关系中的________。

A. 被拒绝型　　B. 被忽视型　　C. 受欢迎型　　D. 回避型

(　　) 4. 如果幼儿的父母经常采用暴力手段解决问题，使家庭内部矛盾和冲突不断，容易造成幼儿产生________。

A. 亲社会行为　　B. 攻击性行为　　C. 合作行为　　D. 道德行为

(　　) 5. 朵朵认为道德原则来自外部权威，只能服从，说明幼儿道德发展具有________。

A. 自律性　　B. 他律性　　C. 规范性　　D. 强制性

(　　) 6. 幼儿亲社会行为的影响因素不包括________。

A. 移情能力　　B. 人际关系　　C. 社会学习　　D. 自我意识

(　　) 7. 以下关于幼儿攻击性行为的说法中，错误的是________。

A. 2 岁以后语言攻击频率提高

B. 攻击性行为属于幼儿品性障碍之一，属于一般行为偏异

C. 6 岁之后攻击性行为开始减少

D. 3~6 岁时攻击性行为主要在情绪不稳定时表现

(　　) 8. 以下内容关于幼儿同伴交往的说法中，正确的是________。

A. 0.5~1 岁的婴幼儿会尝试与其他幼儿进行互动

B. 1~1.5 岁的婴幼儿之间没有互动，不会做出信息反馈

C. 0.5~1 岁的婴幼儿处于互补交往阶段

D. 1.5~2.5 岁的婴幼儿在同伴交往中喜欢模仿彼此，会共同玩互动游戏

(　　) 9. 以下关于幼儿游戏类型的说法中，错误的是________。

A. 3 岁左右的幼儿以平行游戏为主，没有合作意图

B. 4 岁左右的幼儿联系性游戏逐渐增多，但没有明确的分工

C. 5 岁左右的幼儿合作性游戏开始发展，有分工合作

D. 6 岁左右的幼儿会共同参与游戏，但缺乏共同的目的

(　　) 10. “清高孤傲，自命不凡”，最容易在________亲子关系的家庭出现。

A. 民主型　　B. 专制型　　C. 独断型　　D. 放任型

二、判断题（正确的打“√”，错误的打“×”）

（　　）1.“人是社会关系的总和。”这一观点强调的是人的社会性

（　　）2. 个体在幼儿初期表现出来的音乐或绘画天赋可以看作是其特殊能力的体现。

（　　）3. 小班幼儿能独立完成吃饭、穿衣等活动，但不可以认为是其能力的体现。

（　　）4. 依恋贯穿于人的一生。

（　　）5. 在家庭教育中，家长要注意对幼儿的合理要求也要延迟满足。

（　　）6. 惩罚一定是抑制攻击性行为的有效手段。

（　　）7. 作为一个群体，独生子女和非独生子女的社会性存在显著差异。

（　　）8. 亲社会行为具体包括分享、合作、谦让、援助等。亲社会行为的发展是儿童道德发展的核心问题。

（　　）9. 良好的亲子关系能促进幼儿情感的健康发展。

（　　）10. 当幼儿屡劝不止时，教师可以采取强制的手段要求其改正不良行为。

三、案例分析

材料：大班的圆圆在幼儿园里有一个绰号叫作“大魔王”，因为他经常抢其他幼儿的玩具，动手打其他幼儿，咬其他幼儿的手，导致大家都躲着他。圆圆的家长很着急，但是无论采取什么样的方法总是纠正不了圆圆的行为。

问题：请你用幼儿社会性相关理论解释圆圆的行为，并告诉其家长应采取哪些干预措施。

参考文献

[1] 覃敏，彭本峰 . 幼儿心理学［M］. 南京：南京师范大学出版社，2018.

[2] 张丹枫，史献平 . 幼儿心理学［M］. 北京：高等教育出版社，2014.

[3] 王振宇 . 幼儿心理学［M］. 北京：人民教育出版社，2009.

活动 11　探究幼儿心理健康的维护

活动导读

心理健康是一个人健康的重要方面，对人的生长发育影响深远。随着社会快速发展，心理健康维护的需求逐渐下移，幼儿心理健康维护也日显重要。作为幼儿教育工作者既要熟悉幼儿心理健康的标志，铭记心理健康维护的重要性，还要掌握幼儿心理健康的影响因素及维护要点，发现幼儿常见心理偏差的行为表现，进行及时有效的矫治，提高幼儿心理健康发展水平。从而进一步提高幼儿整体发展水平和幼儿园办学质量。

学习目标

1. 熟悉幼儿心理健康的标志，理解心理健康维护的重要性。
2. 能说出幼儿常见心理偏差行为的表现及原因。
3. 了解幼儿心理健康的影响因素。
4. 运用幼儿心理维护技能提高幼儿心理健康水平。

内容结构

学前构建	学后归纳
探究幼儿心理健康的维护 — 体验幼儿心理健康的维护 — 分析幼儿心理健康维护的特点 — 梳理培养幼儿心理健康维护技能 — 练习幼儿心理健康维护技能	

任务 1　体验幼儿心理健康的维护

案例导入

团团 4 岁了，由于爸爸妈妈常年在外务工，一直跟着爷爷奶奶一起生活。虽然现在上幼儿园了，但是说话有些口吃，也不敢和其他小朋友一起玩耍，经常一个人闷闷不乐地躲在角落里，有时还偷偷哭泣。爸爸妈妈也很担心，我们有什么办法帮帮团团呢?

团团的状况需要用到幼儿心理健康发展方面的知识来解答。团团的口吃在排除器质性病变的情况下，多半是和家庭教育方式等社会因素有关，我们一起来具体了解一下幼儿心理健康维护的相关知识吧。

一、说一说心理健康的含义

20 世纪 70 年代初，世界卫生组织 (WHO) 将健康定义为："健康不仅指没有疾病或躯体正常，还要有生理、心理和社会适应方面的完满状态。"由此可见，心理健康是大健康的重要部分。心理健康的基本含义是指心理的各个方面及活动过程处于一种良好或正常的状态。心理健康的理想状态是保持性格完美、智力正常、认知正确、情感适当、意志合理、态度积极、行为恰当、适应良好的状态。

心理健康的人能够体验到自己的存在价值，有适度的安全感和自尊心；对待他人的态度以尊重、信任、赞美、喜悦等正面态度为主；心情以喜悦、愉快、乐观满意等积极的情绪状态为主；还可以满足他人的安全与归属的需要，满足爱与被爱的需要；乐于交往，能替他人分忧解愁，帮他人应对人生挫折。

总之，心理健康的人能恰当地调控自己的情绪，有相对正确的信念、世界观、人生观，并以此为核心，把需要、态度、兴趣、动机、理想、目标和行为统一起来，形成和保持完整统一的人格。

二、看一看幼儿心理健康的标志

课堂小活动

请学生代表描述一些自认为心理素养较高的幼儿活动表现，请另外的同学补充并表演，大家一起观察，并根据相似程度打分，一起梳理幼儿心理健康的标志。

通过观察和梳理，我们会发现现在生活条件富足了，幼儿身体素质日益提高，心理素养却有所下降，需要大大提高。幼儿心理健康的标志归纳起来有以下几点：

（一）智力发展正常

幼儿心理健康最基本的条件是智力水平发展正常。智力的核心是思维，包括观察力、注意力、记忆力、思维力和想象力等各种认识能力的总和。它以先天品性为物质基础，在人与环境的交互作用中得以发展。如果存在智能障碍、思维水平低下、感知觉异常、记忆力异常等问题的幼儿，其心理健康状况往往存在异常。

（二）自我观念积极

自我观念，是指个体对自身的认识。人出生以后在与他人的交往中基于个人生活实践经验而形成，同时受他所处的社会文化历史背景的制约，随着社会实践的深入而不断调整与修正，有准确与歪曲之分。前者以自我评价与社会评价相一致为基础；后者指自我评价与社会评价不符。

自我观念积极的人，能够正视过去、面对现实、憧憬未来。这类人既有遵循社会行为规范的愿望，也不会过分压抑自己，能实在而坦然地看待自己，能够适当地权衡过去、现在与未来的关系，预见即将来临的问题和困难，并事先设法加以解决。他们即使对自己有不满意的地方，也不妨碍其感受自己较好的一面；他们悦纳自己，同时也觉得自己能为他人所接纳。例如，两人个子都较矮，甲对自己说："我的个子太矮，使我失去了很多机会，非常遗憾。"乙对自己说："我虽然身高有限，但浓缩的都是精华，我也有不少优点，身高不会阻碍我的成功。"显然乙自我观念积极，甲自我观念消极。他们的"应该我"与"实际我""镜像我"与"真实我"之间通常是协调一致的；即使有矛盾，也不会对健康构成威胁，反而有可能促进自我的发展。

（三）情绪稳定愉快

心理健康的幼儿身心处于积极的平衡状态，情绪也比较稳定，对待环境中的各种刺激能表现出与其年龄相符合的适度反应，并能合理地疏泄消极的情绪。如基本能听从成人的合理嘱咐，能按时休息，经常笑口常开，闹情绪也会很快恢复愉快的心情；不经常无理取闹，也不会无故摔打玩具或发脾气等。

（四）人际关系融洽

心理健康的幼儿乐于跟同伴交往，行为举止友好，对人和事有同情心和爱心。喜欢为集体和他人做力所能及的事情，也希望通过交往而获得别人的了解、信任和尊重，能在集体环境中愉快地生活。

（五）行为统一协调

心理健康的幼儿随着年龄的增长，其思维逐渐变得有条理，主动注意的时间逐渐增加，情绪情感的表达方式日趋合理和成熟，语言、行为协调统一性逐渐增强。

（六）求知表现适当

心理健康的幼儿通常表现出广泛的兴趣爱好，有强烈的好奇心和求知欲，喜欢观察事物，思考问题，询问不知道的新鲜事物，有表达自己的想法和见解的欲望，敢于表现自己。

（七）性格特征良好

心理健康的幼儿表现出活泼开朗、自信乐观、谦虚礼貌、合作分享、意志坚强、诚实勇敢、独立性强等个性特征。这类幼儿常常精力充沛、心情愉快、睡眠良好、坏毛病少等。心理异常的幼儿多表现为胆怯、吝啬、孤僻、冷漠等个性特征。

总之，心理健康的幼儿主要标志不是要一次性全部展现出来，在其心理发展过程中不断成长不断完善的。

三、理一理幼儿心理健康维护的重要性

世界卫生组织公布，心理疾病将成为全球第二大疾病。事实证明，心理问题能够影响处于不同年龄阶段的人的身体健康，幼儿更是如此。2012 年教育部颁发的《3~6 岁儿童学习与发展指南》明确指出要“有效促进幼儿身心健康发展”，强调要重视幼儿的心理健康。从文献资料梳理出幼儿心理健康维护的重要性如下。

（一）幼儿心理健康维护是个体身心健康发展的重要保障

每一个幼儿都是从适应新环境开始的，其心理发展状况是不稳定的，受环境及教育方式的影响较大，出现心理健康偏离的可能性极大。在幼儿园以及家庭中，家长和老师既要关注幼儿的身体健康，更要及时维护幼儿心理健康。身体健康是心理健康的基础，心理健康又是身体健康的必要条件。“心舒则体壮”，“心”与“身”有不可分割的密切关系。正如我国著名的学前儿童心理学家陈鹤琴所说的：“我们知道，幼稚期（出生至七岁）是人生最重要的一个时期，什么习惯、言语、技能、思想、态度、情绪，都要在此时期打下一个基础，若基础打得不稳固，那健全的人格就不容易建造了。”在家长和老师的引导维护下，有利于孩子形成健全的人格，完善的认知体系等，促进幼儿智力的发展和潜力的开发。

（二）幼儿心理健康维护是幼教办学质量提升的重要部分

幼儿身心健康是幼教办学质量的重要标志。心理健康维护在幼教中越来越重要，从入园的适应，到幼儿参与活动、做游戏、表演节目等都渗透着心理健康维护。在这些保教活动中做好了心理健康维护，促进幼儿人格、智力发展等，也就提升了办学质量。

（三）幼儿心理健康维护是落实国家相关政策的重要举措

从世界卫生组织公布的数据到《3~6 岁儿童学习与发展指南》，再到《家庭教育促进法》都在强调要“有效促进幼儿身心健康发展”，幼儿心理健康维护就是落实这些政策的重要举措。从家庭到幼儿园，从家长到老师，幼儿心理健康维护是在举手投足之间都可以展现的。

（四）幼儿心理健康维护是民族心理素养提升的重要开端

每一个幼儿都是祖国的未来。这些幼儿的心理素养提升了，整个民族的心理素养提升就有了好的开端，一代代延续下去，我们全民族的心理素养就会再上新台阶，在人类命运共同体建设中也会具有更强的生命力。

精华提炼

拓展阅读

2021年10月10日，世界精神卫生日，“中国儿童青少年精神障碍流行病学调查”结果公布，数据显示，全国儿童青少年精神障碍流行率为17.5%。我国儿童青少年精神健康面临严峻挑战。

“中国儿童青少年精神障碍流行病学调查”，是中国第一个全国性的儿童青少年精神障碍流行病学调查。自2012年12月启动以来，经过长达近9年的科学研究，对73000多名6岁至16岁少年儿童的流行病学调查和资料分析，调查显示我国儿童青少年整体精神障碍流行率为17.5%。其中，注意缺陷多动障碍占6.4%、焦虑障碍占4.7%、对立违抗障碍占3.6%、重性抑郁障碍占2.0%，这些都是儿童青少年中流行率最高的精神障碍。

——整理节选《世界精神卫生日｜中国儿童青少年精神障碍流行病学调查发布》，央视网消息

任务 2 分析幼儿心理健康维护的特点

案例导入

团团是一名顽皮的 5 岁男孩，经常一个人躲在角落里，胆小，害怕和别人一起玩。他妈妈反映偶尔还有半夜惊醒的情况。团团的成长已成为家里非常担心的一件事了。

团团的这些表现可能与其心理发展状况有关。下面我们一起分析一下幼儿心理发展的特点吧。

一、析一析幼儿心理健康发展的特点

在个体心理发展历程中，婴幼儿期占有非常重要的位置。从出生到学前期这个阶段，既是生命最为脆弱的阶段，又是个体迅速成长和发展的关键期，尤其需要成人的精心呵护和全方位照料，掌握其各阶段发展特点，进行针对性引导和维护，有利于幼儿健康快乐成长。有些问题如果解决不好，还有可能影响终身。

简单来说，婴幼儿心理健康发展零起步，多层次，全方位，系统性，打基础，影响深的特点（见表 11-2-1）。

表 11-2-1 婴幼儿心理发展特点对应表

时期	心理特点
新生儿期。从出生到满 1 个月	据研究，新生儿主要依靠多种本能的无条件反射适应周围环境：如觅食、吮吸、吞咽、呕吐、打喷嚏、眨眼等。该时期，新生儿初步形成了颜色辨别的能力，其听觉、味觉、嗅觉和肤觉等感知觉也会有显著发展。面对陌生环境的冲击，新生儿以生理需要为主，让生理满足实现心理安全，从而消除不安全感
婴儿期。从出生后第一个月到 1 周岁	心理初步发展时期，为以后的发展做准备、打基础。 婴儿期的心理活动出现最早、发展最快、最先达到比较完善水平的是感觉和知觉，接着动作思维开始萌发。 人际交往中，婴儿产生了依恋。依恋的主要对象是母亲。如母爱缺乏，会造成婴儿缺乏内驱力和安全感，甚至会使婴儿变得焦虑、烦躁、神经质等。也可能因得不到成人的任何反应，导致婴儿自发行为如微笑、发音、手舞足蹈等逐渐减少或消失，致使婴儿活动积极性丧失。 社会性情感逐渐分化和复杂起来。成人的态度、教养方式，会直接影响整个心理状态。 婴儿期的言语发展准备开始。表现在语音辨别和模仿发音两方面，如牙牙学语

续表

时期	心理特点
幼儿早期。1~3 岁	幼儿早期行走动作和手的动作迅速发展，能够主动去探索、反映客观事物，心理的能动性增强。 言语真正形成。短短两三年，孩子能从发音到运用口语清楚地表达思想，从理解成人的话到根据成人的言语指示调节行为。言语的形成和发展也促进了心理活动的有意性和概括性的发展。 思维能力出现。思维能力的出现使幼儿的知觉开始反映事物的意义及其关系，成为“理解性”的知觉；记忆的理解性增强了，有意性也出现了；情绪情感逐渐深刻；意志行动产生了；心理发展开始具有最初的系统性，感知运动思维得到迅速发展。 自我意识萌芽。在与人、物的相互作用中，该时期的儿童通过“人”与“我”“物”与“我”的比较，开始出现自我意识的萌芽，能够尝试关注自我，调节自我，认识自己
幼儿期。3~6 岁	幼儿期 (3~6 岁) 孩子身体发育迅速，特别是神经系统和脑机能的发展。 具体形象思维逐步取代感知运动思维，并居主导地位。具体形象思维大大增强了幼儿思维的广度和深度，表现为好奇、好问等。 心理活动及行为具有不稳定性。该阶段幼儿控制、调节自己的心理活动和行为的能力仍然很差，很容易受其他事物的影响而改变自己的活动方向，即不稳定性。 心理发展的载体是游戏。3~6 岁的幼儿游戏活动在他们的生活中占据主导地位，游戏的形式、内容以及游戏的复杂程度等，都会随幼儿心理发展的需求而有所改变，在游戏中发展成长。 个性倾向开始显现。3~6 岁的幼儿个性表现范围广、内容多、易改变。但是在兴趣爱好、行为习惯、才艺才能等方面，都开始表现出独特的倾向，成为一生个性的基础或雏形

二、看一看幼儿常见心理偏差的行为表现

幼儿的心理活动一般会直接反应在行为表现上，当我们发现幼儿的行为异常也可以反过来了解幼儿心理发展是否出现偏差。

课堂小活动

请学生代表表演几个自认为幼儿心理偏差的行为活动，请大家一起观察，并判断是否需要给予帮助。

通过观察，我们会发现幼儿常见的心理偏差行为主要表现在情绪方面、语言方面、睡眠方面、品行方面、不良习惯五方面（见表 11–2–2 至表 11–2–6）。

表 11–2–2　幼儿常见的心理偏差行为——情绪方面

名称	表现	原因
幼儿期恐惧症	幼儿对特定的人、物、情境产生过分的恐惧反应。常伴随的生理变化有心跳加速、呼吸短促、血压升高、脸色苍白、四肢无力等。随着年龄增长、生活经验丰富，幼儿恐惧的对象和状况也会发生变化	一是日常生活经验的影响，如父母等成人的威胁、吓唬，特殊不友好的环境体验，以及悲惨场面等；二是恐怖的影视节目等虚幻世界的影响
幼儿焦虑症	幼儿对外界细微的变化过于敏感，常常无缘由地担心、害怕，甚至烦躁不安。常伴随的躯体表现有无指向性的恐惧、胆怯、心悸、口干、头痛等。常见的幼儿焦虑症类型有分离型焦虑、过渡型焦虑、期待型焦虑	一是先天因素，幼儿焦虑症具有一定的遗传性；二是后天环境因素，如家长过高要求造成的高压状态，再有学习内容过多，学习任务过重等
幼儿缄默症	幼儿缄默症可分全缄默和选择性缄默两种。全缄默患儿在任何状态下都一言不发，经常出现刻板、重复的动作。选择性缄默则是幼儿在特定的场面或人物面前出现无言症状，如呆坐、呆站或焦虑不安	一是与遗传因素有一定关系，如先天性智能低下，言语发育迟缓等；二是心理因素占主要原因，如长期缺乏母爱或过于苛求等引起的紧张、恐惧、惊吓等

表 11–2–3　幼儿常见的心理偏差行为——语言方面

名称	表现	原因
语言发育迟缓	幼儿口头语言的发育明显落后于同龄幼儿的正常水平。如两岁还不能说任何字的，三岁了还语音不清，不会说简单句子；五岁句子结构明显错误，语速、语调不正确等	由生理、心理、社会多种因素引起，如精神发育迟缓、听力障碍、孤独症、缺少言语刺激、心理及社会适应不良等
口吃	口吃，俗称“结巴”，说话时因较多停顿和重复发音而造成语言不流畅。常伴有摇头、歪嘴、挤眼、跺脚等动作	主要原因有遗传因素、心理因素、疾病、模仿习得等。据研究发现，口吃患者家族发病率可达 36%~55%；如家长对幼儿的语言表达过多矫正、精神过度紧张；再如百日咳、麻疹或脑部受到创伤等

表 11-2-4 幼儿常见的心理偏差行为——睡眠方面

名称	表现	原因
夜惊	夜惊指幼儿在睡眠中惊醒，突然哭喊，甚至坐起，两眼直视，表情恐惧，伴有心率增快，呼吸急促等表现。发作可持续数分钟，结束后能再入睡，醒后对此事无记忆	多数由心理因素引起，如独立来到陌生环境、受成人责骂、恐吓、睡前看恐怖电影、听恐怖故事等造成精神过度紧张。卧室空气污浊、晚餐过饱、手压迫前胸、鼻咽部疾病致呼吸不畅、肠寄生虫病、癫痫发作等也可引发夜惊
梦魇	梦魇表现为幼儿常在梦中惊醒，噩梦中伴有呼吸急迫，心跳加快，自觉全身不能动弹。惊醒后难再度入睡，且仍有短暂情绪失常、紧张、害怕和出冷汗等表现	和引起夜惊的原因有些相似。心理因素占主要原因，如过度疲累、焦虑、惊吓、紧张等。也有睡觉姿势不正确，如胸口压迫等引起的，还有肠寄生虫病、癫痫发作等也可引发夜惊
遗尿症	学前儿童在 5 岁以后，白天或者夜晚仍不能主动控制排尿，经常夜间尿床，白天尿裤，称“遗尿症”	一是心理因素，如突然受惊、大病一场等精神受到创伤；二是训练不当，如幼儿大脑发育还没有成熟，过早强迫幼儿自主控制排尿，导致没有形成良好的排尿习惯；三是遗传因素，据研究约 70% 遗尿患儿的亲属有遗尿史；四是器质性遗尿症，如蛲虫病、膀胱炎等引起的

表 11-2-5 幼儿常见的心理偏差行为——品行方面

名称	表现	原因
攻击性行为	该行为指幼儿在身体上或语言上出现攻击的侵犯性行为。如打、抓、咬、踢、抢东西、发脾气、辱骂、破坏等。攻击性行为包括无意性攻击、表现性攻击、工具性攻击、敌意性攻击。攻击性行为多见于男孩	主要包括家庭教育不当、社会认知不当、不良传媒的模仿等。如家长对幼儿过分溺爱，还有模仿、学习电视节目中暴力行为等
说谎	说谎指幼儿说假话。它包括无意说谎和有意说谎	无意说谎，是幼儿把想象、愿望与现实混淆、概念模糊等造成。有意说谎，可能是幼儿为了取悦成人、满足虚荣心、掩盖错误等
破坏行为	该行为是指有些幼儿故意追打和伤害小动物或故意破坏自己或他人物品的现象	一是幼儿为了引起关注或寻求刺激；二是幼儿受挫折或压力过大表现出的错误发泄方式；三是对部分成人的无意识模仿
偷窃问题	该行为是指幼儿在没有经过他人允许的情况下，悄悄拿走别人的东西据为己有的情况	一是可能自己的需要没有得到满足；二是可能为了发泄心中的不满；三是可能对他人偷窃行为的模仿

表 11-2-6　幼儿常见的心理偏差行为——不良习惯

名称	表现	原因
习惯性口腔动作	幼儿常见的口腔动作有吮手指头、咬指甲或咬衣服、舔嘴唇等	一是婴儿期喂养不当，没能被满足吮吸需要和欲望；二是在婴幼儿期缺乏环境的刺激；三是缓解心里紧张等
习惯性阴部摩擦	幼儿用手或借助被子、衣物等玩弄或摩擦生殖器的现象。男孩多于女孩	一是可能是生殖局部不清洁或患有疾病，如湿疹、蛲虫等，摩擦以止痒。二是可能缓解紧张、不安，以抚弄生殖器来安慰自己或出于好玩，经常抚弄，形成习惯
偏食	幼儿在进食时拒吃某种食物、不愿尝试新的食物等抗拒反应	一是可能在婴儿断奶后的一段时间喂养太单一等造成；二是可能受父母饮食习惯的影响，即家长自身偏食；三是可能缺乏关爱，故意逆反和抵触等

三、找一找幼儿心理健康发展的影响因素

《黄帝内经》有“怒伤肝、喜伤心、忧伤肺、思伤脾、恐伤肾”的记载，从生理学和心理学的角度讲，每一种情绪都可以撞击我们的生命器官，甚至导致功能严重受损，这也概括出体魄与情绪之间密不可分的联系。随着社会的发展，物质生活水平的不断提高，心理因素逐渐成为引起躯体疾病的重要原因。幼儿心理健康的形成是一项复杂的系统工程，我们应从“生物—心理—社会的医学模式”多维度找影响因素。

（一）生理因素

人类在长期的进化过程中，解剖和生理上不断地发展，特别是脑、神经系统高级部位的结构和机能达到了高度发达的水平，具有其他一切生物都没有的特征。人类共有的遗传物质是使幼儿形成人类心理的前提条件。综合前人研究，生理因素主要有遗传因素、后天脑损伤、感觉统合失调等。

1. 遗传因素。很多疾病都跟遗传因素有关，如先天性愚钝、先天性聋哑等。这些遗传因素导致幼儿躯体受损或躯体发育障碍，影响幼儿身体的正常发育，从而导致幼儿出现某些不正常的心理活动和行为，引发各种心理问题。

2. 后天脑损伤。如外伤引起的脑震荡、蚊虫传播的乙型脑炎、脑膜炎双球菌引起的流行性脑脊髓膜炎等，甚至胎儿出生时受到非正常挤压而导致的脑损伤，这些都可能影响幼儿智力，诱发一系列行为问题。

3. 感觉统合失调。感觉统合失调指幼儿无法对从视觉器官、听觉器官、嗅觉器官、味觉器官、触觉器官以及方位、平衡器官前庭等处获取的信息进行有效的管理，以致影响自身对感觉信息的认知和判断。感觉统合失调的幼儿动作不灵活、好动、很难安静，语言发育迟缓、反应过强或迟钝等。

（二）心理因素

1. 气质。气质是一种稳定的心理特征，无好坏之分。不同气质的幼儿其情绪表达，行为方式有

所不同，因此需要教师因材施教。教师要采取灵活的方法，帮助幼儿完善气质的发展，完善性格的形成，尽量扬长避短，充分开发每个幼儿的潜能。

2. 动机。动机在需要的基础上产生，生理需要是最低层次的需要。一般家长只注意满足幼儿的生理需要，而忽略了幼儿更高层次的需要，如安全感、被爱、被尊重、被称赞等。当幼儿的其他层次的需要得不到满足时，就容易产生不良的情绪。我们应该在不同阶段，满足不同层次的需要，帮助幼儿健康成长。

3. 情绪。情绪是幼儿适应环境情况的直接表现。不良的情绪就是适应不良的信号，不良情绪也会影响幼儿的人际关系，长期人际关系不良就会导致幼儿紧张、压抑，进而会使幼儿出现攻击性行为及焦虑症等问题。

4. 自我意识。正确地认识自我是幼儿适应环境的前提之一。幼儿自我评价过高或过低，都会影响幼儿的人际交往，阻碍幼儿个性的健全发展。

（三）社会因素

1. 家庭。家庭是幼儿赖以生存和发展的首要组织，也是对幼儿心理健康影响最大的社会因素，其中父母对待幼儿的教育方式最关键。完善的家庭结构、良好的家庭人际环境、家长本身的素养及对子女的教养方式等因素，对幼儿的身心健康会产生积极的影响。家庭的变故，特别是父母离异或突然失去亲人等极易给幼儿的心理健康造成极大的创伤。家长的教养方式与幼儿性格养成的关系具体见表 11–2–7。

表 11–2–7　家长的教养方式与幼儿性格养成的关系

教养方式	具体表现	性格养成
民主型	营造公平、合作、民主的氛围，尊重幼儿的合理需求，以引导、体验来规范幼儿具体的行为标准。支持且鼓励幼儿独立思考，帮助其提升自信心和社会适应能力	有利养成独立、大方的性格，善于独立分析问题，乐于交往，社会适应能力强
专制型	依靠自己在家庭中的权力或权威，不顾幼儿合理的需求或回应很迟缓，以斥责、体罚为主来管教幼儿的行为。要求幼儿“绝对服从”，不能违抗	有利养成自卑、倔强的性格，习惯性胆怯、退缩或顺从、依赖，缺乏独立性
放任型	家长完全忽视幼儿的正当需求，对幼儿无要求无回应，以放任为主，幼儿感受不到家庭的温暖和关心，如“撒手不管”的情形	有利养成冷酷无情、倔强的性格，成就感低，缺乏自信、自尊
溺爱型	家长过分在意幼儿的需求，对幼儿有求必应 。处处包办、代替，若外界环境一旦发生变化，幼儿便无法适应，产生紧张焦虑的情绪	有利养成任性、霸道的性格，依赖性强、缺乏独立性、情绪不稳定、随心所欲

2. 幼儿园。托儿所、幼儿园是幼儿第一次接触的较正规的集体生活环境，是幼儿成长的第二环境。幼儿园的环境和教育对其心理发展也起着重要作用，对幼儿的社会适应性行为的形成具有深远的影响。一是幼儿在进入一个新的集体环境后会有许多不适应，如生活上吃、睡、穿脱衣鞋等自理能力差；情绪上因不熟悉教师、同伴和环境而产生不安全感；人际关系不协调；行为约束力较差，还不太理解集体规则等。二是师生关系和班级气氛不良，如教师的情绪不稳定、不友善、偏心、脾气暴躁等。三是教育教学活动的组织和安排不合理，环境的创设不合理等，违背幼儿身心发展的一般规律，这些也都会影响幼儿的心理健康发展。

3. 社会环境。社会安定状况、风俗习惯、社会福利状况，还有文化背景及主流的社会价值观、教育观等社会因素不但制约幼儿心理的发展水平，而且影响幼儿个性形成的方向。不良的社会舆论导向、腐朽的意识形态和道德观念、不良同伴的诱惑、不良文化的冲击等，也会对幼儿产生潜移默化的精神污染，进而影响幼儿心理健康的发展。例如，社会经济状况的剧变，社会关系的变故，社会文化的变迁，社会生活中的突发事件等。

4. 自然环境。人与自然息息相关。自然环境的剧烈变化或过分恶劣，对幼儿的心理健康也会造成影响。如环境污染影响幼儿身体健康，进而影响心理健康；还有自然环境剧变，如洪灾、火灾、沙尘暴、风暴袭击等，会造成环境的破坏、社会的不稳定，使整个社会都处于紧张的气氛中，这些都会增加幼儿的紧张情绪，从而产生不安全感。

拓展阅读

遗传—环境交互作用论

美国心理学家安娜斯塔西认为，儿童的任何发展既有100%遗传的作用，又有100%环境的作用，只有二者的相互作用才能促进行为的发展。遗传和环境既不是彼此独立的，也不是简单相加的关系，而是相乘的关系，它们完全交织在一起，不可分离。至于遗传和环境如何交互作用才能促进行为的发展，安娜斯塔西认为这是一个非常复杂的过程，每个儿童的遗传和环境交互作用的方式和交互作用的时间不会完全一样，因此我们能大致概括出遗传作用表现的几种可能性：

1. 相同的遗传素质在不同的环境条件下可以有不同的发展结果。
2. 不同的遗传素质在不同的环境条件下可能导致相同的发展结果。
3. 在相同的环境条件下，不同的遗传素质会导致相同的发展结果。
4. 在不同的环境条件下，相同的遗传素质可能导致相同的发展结果。

——整理节选《人格心理学（第5版）》，[美] 查尔斯·S. 卡弗著，梁宁建等译

任务 3 梳理培养幼儿心理健康维护技能

案例导入

朵朵和妈妈一起逛超市时，朵朵突然看上了一座可拆装的积木城堡，说什么也不走了，一定要妈妈买回家。妈妈认为朵朵已经有类似的玩具了，没有必要再买一套，并不同意购买。朵朵开始哭闹，引得店里的顾客都围过来看，售货员趁机说："孩子那么爱玩，就给他买一套吧，也是益智类玩具。"妈妈无奈之下只好买了一套。

分析：妈妈最后还是如朵朵所愿买了城堡玩具。虽然妈妈并不喜欢朵朵哭闹，更不愿意奖励朵朵的哭闹行为，但是事实上，这套城堡玩具是哭闹行为带来的结果，是朵朵想要的东西，所以城堡玩具客观上构成了对朵朵哭闹行为的奖励。这里朵朵妈妈实际上被迫误用了正强化技术，长久下去会强化朵朵的这种行为。

一、熟悉幼儿心理健康维护的常用方法

（一）行为主义的方法

行为主义关于行为矫正技术的研究，始于20世纪20年代。行为主义的行为矫正法，是指对人类行为进行分析和矫正的过程。分析是指识别环境和某一特定行为之间的相互作用关系，从而识别该行为产生的原理或确定为什么个体具有他所表现出来的行为；矫正是指开展和实施某些程序和方法。以此帮助个体改变行为，包括通过改变环境来影响行为，对人的行为进行矫正，从而达到心理治疗的目的。换言之，行为矫正是一个着眼于改变个体行为而不是改变人格的学习过程。

行为矫正法的主要特点在于矫正的目标集中于行为而非其他，对拒绝行为的潜在动因进行假设，不重视过去事件的影响，只强调当前环境事件的重要性，比较重视行为改变的测量（见表11–3–1）。

表11–3–1 行为主义矫正常用方法

方法	含义	举例
正强化	正强化就是在孩子的目标行为之后设置孩子喜欢的刺激，以此提高目标行为的发生概率。这种孩子喜欢的刺激叫作正强化物	爸爸妈妈都知道，如果孩子做了一件值得夸奖的事情，除了口头表扬之外，有时还可以给予物质鼓励，如一件新玩具、一顿孩子想吃的大餐等这些表扬、奖励都是正强化物，是孩子喜欢和想要的
负强化	负强化，就是在孩子做出目标行为之后，通过免除某种孩子不喜欢的待遇，达到提高该行为发生概率的目的。这种对孩子不喜欢的事情的撤销，就叫作负强化	比如，爸爸平时比较严肃，当孩子边吃饭边到处跑的时候，妈妈总是耐心地追着喂。爸爸则不动声色地板起脸来，让孩子感到很紧张，只好乖乖地坐到自己的位置上。这时候爸爸的脸色又"阴转晴"，和蔼可亲起来了。这就是一种负强化

续表

方法	含义	举例
负惩罚	负惩罚是指行为之后跟随着一个刺激物的消除，作为结果，这个行为将来发生的可能性减少	比如，当孩子攻击小朋友 (行为)，小朋友不与他玩了 (消除一个刺激物)，这样孩子可能不再攻击小朋友 (行为再次发生的可能性减少)。孩子受到了负惩罚。再如，撤销关注、适度隔离等都属于负惩罚
正惩罚	正惩罚是指行为之后跟随着一个刺激物的出现，作为结果，这个行为将来发生的可能性减少	比如，当孩子把手伸向狗 (行为)，狗咬疼了他的手 (出现一个刺激物)，孩子不会再把手伸向狗 (行为再次发生的可能性减少)，孩子受到了正惩罚
反向链锁法	先强化一个复杂行为的最后一步，再依次强化它的前面的步骤，直到最前面的一步，以使整个行为序列固定下来。这种技术较适用于那些前面比后面困难的材料或用顺向连锁技术需要花很长时间才能成功的复杂的行为习惯训练	比如，一个孩子在游戏的时候抢了别人的玩具，老师发现后，要求他归还抢来的玩具，而且告诉他，因为他表现不好，他不可以继续参加游戏，要到隔离区去“好好想一下”。这就是惩罚，这个孩子可能因此而减少或不再发生抢别人玩具的行为
榜样模仿学习法	以班杜拉的社会学习理论为依据，幼儿可以通过观察和模仿来学习社会行为，这种通过观察别人的行为和强化的学习，叫作观察学习。树立好的榜样让幼儿模仿学习也可促进幼儿好习惯的养成	比如，三人行必有我师焉，在幼儿生活学习中帮孩子树立身边的榜样，让幼儿有模仿的榜样。像我们生活中，小一点的幼儿会自觉不自觉地学习到大一点的幼儿的一些习惯或行为，以及在电视节目等影视作品中模仿学习的行为，这都是榜样模仿学习

用正强化、负强化和惩罚等行为矫正法，可以帮助幼儿建立新的行为习惯，塑造新行为，扭转不良习惯。习惯本身没有好坏之分。只有当个体出现对自己或社会不利的行为，如吮吸拇指、斜眼、咧嘴、攻击性行为、撒谎行为，并且这种行为持续、连贯地进行以至于不利于孩子的全面发展时，我们才会把它称为不良行为习惯，才需要改变它。国内也有学者认为：“要改掉个坏习惯，最好的方法是培养一个好习惯。”在日常生活中，父母常常有意无意地运用到这些技术来教育孩子。例如，1 岁左右的学步儿童，当他刚刚迈出第一步时，父母总是欢欣鼓舞地表扬孩子，强化了孩子迈步这一有意或无意的偶然行为，增加了这一行为重要的可能性，让孩子乐意迈出第二步、第三步，这样不断练习，最后使孩子学会了走路，这就是一个新行为（新习惯）的塑造过程，也就建立起了新的行为。

生活中，负强化和惩罚很容易混淆。我们只需要记住这一点：负强化是用于“增加”目标行为的发生概率，而惩罚则是用于“减少”目标行为的发生率。也就是说，负强化可以塑造良好行为，惩罚则用于清退不良行为。

拓展阅读

反向链锁法实操案例

宝宝10岁了，还什么家务都不会做，妈妈很担忧，这样下去，以后如何能独立生活、适应社会呢？她决定从煮饭开始，培养宝宝的生活自理能力。为了让宝宝乐于学习，她将煮饭分解为以下几个步骤：

（1）在米桶里用专门的碗盛一碗米；

（2）用专门的塑料盆把米淘洗干净；

（3）把米倒进电饭煲内胆，并加一小杯水，盖上锅盖；

（4）擦干手，按下电源总开关；

（5）按下电饭煲做米饭的开关。

第一天，妈妈上班前完成上述4个步骤，下班前打电话回来对宝宝说："妈妈今天要晚点回来，你帮妈妈摁下电饭煲做米饭的开关，等妈妈一回来，就可以吃饭了。"宝宝开心地答应了。五点半，妈妈回来了，看到煮熟的米饭，妈妈高兴极了，连忙表扬宝宝："我家宝宝也会煮饭了，虽然是第一次煮，但是煮出来的饭比妈妈煮的还香！"受到表扬，宝宝特别开心。接下来的日子，宝宝经常帮妈妈摁下电饭煲开关。过了一段时间，妈妈又用同样的方法，让宝宝学会了煮饭的第4步。待宝宝掌握后，依葫芦画瓢，妈妈又让宝宝掌握了煮饭的第3个、第2个、第1个步骤。

分析　这种行为习惯培养法叫"反向链锁法"，适用于复杂行为习惯的训练，可以用这种技术培养孩子的独立洗澡、做饭、劳动、手工等行为，家长使用反向链锁法时，一般遵循以下几个步骤：

◆确定行为的整套步骤，反向链锁法的精神实质在于步骤的细化，即把一项复杂行为予以分解，分解后的每一步骤都很简单，容易学习，不会让孩子产挫败感，然后从最后的一个步骤开始，采用逆向后退，逐步学习。

◆正向分解行为：整个行为→步骤1→步骤2→最后一步。

◆反向训练行为：最后一步→步骤3→步骤2→步骤1→整个行为。

◆一个步骤熟练以后才可进行下一步骤。就整体而言，每个环节彼此都有密切联系，只有每一个环节都很牢固时，整个链条才会牢固。如果其中任何一个环节不牢固的话，整个行为的训练就会发生问题。

——整理节选《幼儿心理与行为指导》，吴孟飞

（二）认知发展的方法

认知发展的方法是根据认知过程影响情感和行为的理论假设，通过认知和行为技术改变不良认知的一类心理疗法的总称。简单地说，认知疗法是一种通过改变个体不合理或错误的思维、信念的方法来改变不良认知，达到消除不良情绪和行为目的的方法。通常，父母只是试图改变孩子的不良行为，而没有告诉孩子这些认知是错误的，那么幼儿会觉得自己的想法和认知是正确的，会很容易重新出现这种行为。因此，我们成人只有通过改变孩子已有的不合理的、错误的认知，形成正确的认知，

才能达到减少或改变不良行为、解决情绪问题的目的。所以，在幼儿教育中，我们采用认知发展的疗法，孩子不良情绪会得到较大改善。

具有代表性的认知疗法包括合理情绪疗法、自我指导法、改变极端的信念或原则、改变不合理的思维。

1. 合理情绪疗法

合理情绪疗法认为，情绪在本质上是一种态度和认知观念，也是一种认知过程，不合理或错误的思想、信念是情感问题或异常行为产生的重要原因。因此，人们可以通过改变自己的认知、想法和观念来改变、控制情绪和行为结果。用到的理论是埃利斯的情绪“ABC”理论。

例如，一个中班的女孩，因咽喉炎，变得声音沙哑 (A), 于是整个人变得很退缩、胆性和孤立 (C)。在埃利斯看来，声音沙哑并不直接导致她的情绪和行为反应，而是她认为“我的声音不好听，小朋友都不会和我一起玩”这种观念 (B)，才使她出现退缩等行为反应 (C)。由此可见，认知态度或信念对情绪反应或行为的重要影响，不合理或错误的观念常导致异常情感或行为出现。

2. 自我指导法

自我指导法是美国心理学家梅肯鲍姆研究多动症时创造出来的一种认知治疗方法。他发现多动儿童的“内部言语”发育不成熟，可能是由于缺乏适当的认知对自己进行自我指导。因此他认为多动的、冲动性的儿童在使用言语自我调节行为的能力上存在明显缺陷。通俗地讲，自我指导训练是指导孩子自己应付焦虑、痛苦，恐怖的不利情境，面对现实，抱有积极的看法。自我指导的语言，常是自我支持、自我勉励的话。例如，恐怖时，可以自言自语：“不要怕，要冷静。”多动时，可以用内在语言指导自己：“我要坐好，不动来动去。”

有关自我指导法效果的研究表明，这种方法对孩子的多动、攻击、冲动、退缩、焦虑、恐惧等行为问题的矫正有一定效果。例如，5 岁的圆圆在幼儿园或家里时总是喜欢走来走去，不能安静地完成一项任务。圆圆父母的处理方法是制止，而没有告诉他应该怎样做，效果甚微。后来经医生诊断圆圆这些行为属于多动的表现，并建议用自我指导法，即告诉圆圆在想多动的时候提醒自己，“我要坐好，不走来走去。”3 个月之后，圆圆的多动行为出现了较好的改善。

3. 改变极端的信念或原则

改变极端的信念或原则就是用现实的或合理的信念原则替代极端或错误的信念原则。例如，一个幼儿拥有的某一极端的信念是：“我比赛跑步一定要得第一，因为和姐姐跑步我总是第一名。”在这样的极端信念下，如果这个幼儿跑步输了，他就无法接受。故成人应该帮助孩子进行更合理的自我陈述：“尽管我和姐姐跑步一直是第一名，但我和其他小朋友跑步有可能不是第一名，有的小朋友可能比我跑得更快。”还有，我们很多优秀的幼儿都容易产生的一个极端信念是：“如果我很努力，我就一定是最棒的，就应该得到老师的表扬。”这样的信念可能带来的问题是：“我很努力，老师并没有表扬我，我真倒霉，我是不是不优秀了。”并因此处于消极的情绪当中。所以，相应的、现实的、合理的信念应该是：“一个人很努力并不一定是班上最棒的，因为大家都很努力，所以，老师也不一定会表扬我。”

再看下面一个案例：爸爸妈妈最近发现 6 岁的朵朵在社区玩耍时，不愿意与其他小朋友玩，爸爸妈妈鼓励她，她也不肯参与。连自己最喜欢的表姐来家里，说是和她一起玩她以前喜欢玩的躲猫猫游戏，她也不去。妈妈又鼓励她，她却说：“我很笨，我不会玩。”后来妈妈了解到，有一次朵朵与表哥游戏时做错了，表哥说她“很笨”。于是朵朵觉得和表哥玩游戏做错了，和别人也肯定会错，而且认为自己真的很笨。其实，导致朵朵突然退缩的原因是她有了歪曲的认知。妈妈决定对她这种“过分夸大”事实的认知观念进行改变，妈妈告诉她，做游戏时犯错误是难免的，其他小朋友也会这样，一次犯错，并不等于每次都会错，同时还鼓励她与社区小朋友、表兄弟姐妹一起玩。后来，朵朵又像以前一样活泼了。

这里朵朵的妈妈就用改变极端的信念或原则的小诀窍：

（1）认识内在联系：帮助幼儿认识思维活动与情绪、行为之间的联系。

（2）检验极端信念：通过帮幼儿找支持和不支持极端信念的证据，加以验证，再协助幼儿认识消极、歪曲或错误的极端信念。

（3）发展合理信念：在提高认识的基础上，发展更适应的思维方式和认知内容，依次改变、替换原来歪曲的错误的极端信念、认知内容。

4. 改变不合理的思维

恶劣的情绪，如沮丧、焦虑、内疚、绝望、挫折感和愤怒等，常是由不合理的思维所导致的，这些不合理的思维，最终可能导致的是个不合理行为的出现。所以，要改变行为，应该先识别这些不合理思维，然后改变这些不合理思维。

案例分析

霸道的兰兰7岁了，没有朋友。其实她以前有朵朵、圆圆等好几个朋友。原来这些朋友和兰兰交往一段时间后，她们都不愿意再跟兰兰做朋友了。因为太霸道的兰兰不允许她们和其他朋友一起玩。因为兰兰经常想：“她们明明是我的好朋友，为什么还要去找别人玩？”“她们找其他朋友，是不是不喜欢我了？”“她们不喜欢我，肯定是我有些地方做错了。”

兰兰的霸道、孤独令妈妈很担心，妈妈带着兰兰去咨询师咨询。下面是对话：

“你希望你有很多朋友吗？”

“是的。”

“你认识了一个朋友，再去认识第二朋友，是不是不喜欢第一个朋友了？”

“不是。”

“那是为什么呢？”

“因为，我想多跟一些朋友玩。”

“那你的朋友是不是只能跟你一个人玩而不能跟其他人玩？”

“不是。”

……

这里咨询师是通过不断的追问，让莹莹的不合理思维受到挑战，让她在自相矛盾中认识到自己的错误思维，最后在父母和咨询师的帮助下归纳和定义出新的合理的替代性想法：“我的朋友去结交新的朋友并不是不喜欢我了。我们都需要很多朋友。”

我们在改变幼儿的不合理思维时，需要遵循以下程序：

（1）识别自动思维。自动思维就是有特定刺激自然触发的、导致不良反应的个人信念或想法。比如，考试成绩不理想，有的幼儿自然而然归因于自己笨学不会，有的幼儿归因为自己聪明而没有学好，有的幼儿归因为老师没有教好等。我们要先帮助幼儿识别这些有害的自动思维，是改变的前提。

（2）分析认知错误。针对幼儿不合理的思维，进行质疑和反问，帮助幼儿分析认知错误。比如针对考试成绩不理想的归因，对孩子进行直截了当的质问："你有什么证据可以证明你比谁都笨？""你怎么证明你因为笨而学不会？""你可以学会哪些？"当幼儿发现自己理屈词穷时，会真正认识到："我的思维原来是不合理的、没有根据的；我的想法有些是合理的，有些是不合理的；我必须以合理的思维取代不合理的信念。"

（3）合理思维替代。当幼儿认识到自己的认知错误以后，我们应该给予孩子构建合理的正确的思维方式或归因。比如，成绩考得不理想，并不是我笨，也不是老师教得不好，而是我没有认真听讲，或没有认真复习等。

总之，幼儿在成长过程中难免出现不良行为，甚至影响幼儿心理健康，作为教育工作者掌握适当的心理健康维护方法，在适当的时机，用适当的方法维护幼儿的心理健康显得十分必要。

行为主义方法和认知主义方法两大心理健康维护方法，我们辩证组合运用于学校教育、家庭教育当中，提高我们的育儿能力，提升育儿效果。

拓展阅读

心理健康的维护

心理健康的维护是现代人所必须注重的一种心理教育内容，也是预防心理异常的最好方法。因每人所处的环境不同，遭遇的问题各异，也就没有一套用于人人皆准的方法。

一般心理健康的维护可以从四个层次上开展。

第一个层次是心理科普。面向所有人。也就是中国传统思想中的"治未病"，面向社会全体开展心理课或是宣传，目的是帮助大家了解心理健康知识，形成自我调控能力，提高心理素质，更好地成长。

第二个层次是心理辅导。面向遇到困难的正常人。通过心理辅导促进受辅导者发生转变与成长。

第三个层次是心理咨询。面向出现轻微异常，日常的心理功能受到一定影响的人。心理咨询师给予一定的干预可以帮助他们解决当前的困惑，走出心理误区。

第四个层面是心理治疗。面向出现心理障碍或心理疾病的患者。这些包括抑郁症、强迫症和双相情感双向障碍等精神疾病。一定要到正规的医疗机构就诊，通过心理治疗或其他治疗方法，使心理向着健康的方向转化。

其中前三个层次的心理维护都是针对正常人开展的，所以不是只有心理病症的人才需要心理健康维护，才会接受心理辅导和咨询。

——整理节选《幼儿心理与行为指导》，吴孟飞

任务 4　练习幼儿心理健康维护技能

一、口述或抄写幼儿心理健康维护的常用方法

二、设计一节训练幼儿思辨的游戏活动

范例	学生设计活动
游戏名称：《当小孩好还是当大人好》辩论赛（大班） **游戏目的：**训练幼儿的思辨和换位思考等能力。 **游戏准备：**幼儿提前了解小孩、大人的身份优势。 **游戏方法：**你问我答或辩解的方式。 **游戏规则：**孩子们针对一个问题通过亮观点、驳观点、质辩、自由答辩、总结陈词等五个部分，以你问我答或辩解的方式，让他们的思想和观点进行交锋，引发孩子思维冲突和自我反思，深化各自的认识，提高孩子的创新意识、思辨和换位思考等能力	**游戏名称：** **游戏目的：** **游戏准备：** **游戏方法：** **游戏规则：**

三、试玩游戏活动

1. 合理分组，选举组长。
2. 组长扮演老师，组员扮演大班的幼儿。
3. 组内体验、观察、总结、分享。

四、分享训练体会

1. 班上分享训练体会。
2. 总结幼儿心理健康维护的常用方法和注意事项。

拓展阅读

多动症是注意缺陷多动障碍的简称，其核心症状为幼儿表现出与年龄和发育水平不相称的注意力不集中，注意时间短、活动过度和冲动等现象，导致学习和社交问题。当幼儿出现以下症状时，成人需要予以注意（见表 11-4-1）。

表 11-4-1　多动幼儿与多动症幼儿的区分一览表

区分	多动幼儿	多动症幼儿
注意方面	做喜欢的事情时，能专心致志地去做，并且不喜欢别人的干涉和影响	很少有兴趣爱好，注意集中困难且注意持续时间短暂，注意力缺损。经常显得不安宁，手足小动作多，容易因外界刺激而分心，难以从事安静的活动或者游戏
目的性方面	在玩耍和做某一件事情时有目的性、计划性，并有适当的安排	行为常常是冲动性的，做事不顾及后果，凭一时兴致行事，常与同伴发生斗打与纠纷，造成不良后果，做事情逻辑非常混乱和无序也不能有始有终地完成一件事情
自制力方面	在严肃、陌生的环境中有自我没有自制力，会察言观色并收敛自己的行为，不再胡乱吵闹	没有自制力，在别人讲话时喜欢 插嘴或打断别人的谈话，不能耐心地排队等候；常被指为“不识脸色”，情绪不稳定

——整理节选《幼儿卫生学》，王东红、程少根、张晴

思维导图

- 探究幼儿心理健康的维护
  - 体验幼儿心理健康的维护
    - 心理健康的含义：指心理的各个方面及活动过程处于一种良好或正常的状态
    - 心理健康的理想状态：性格完美、智力正常、认知正确、情感适当、意志合理、态度积极、行为恰当、适应良好
    - 幼儿心理健康的标志：智力发展正常、情绪稳定愉快、人际关系融洽、行为统一协调、求知表现适当、性格特征良好
    - 幼儿心理健康维护的重要性：个体身心健康发展的重要保障、幼教办学质量提升的重要部分、落实国家相关政策的重要举措、民族心理素养提升的重要开端
  - 分析幼儿心理健康维护的特点
    - 婴幼儿心理健康发展零起步，多层次，全方位，系统性，打基础，影响深
    - 幼儿常见的心理偏差行为主要有情绪、品行、语言、睡眠、不良习惯五方面
    - 心理偏差行为情绪方面：幼儿期恐惧症、幼儿焦虑症、幼儿缄默症
    - 心理偏差行为品行方面：攻击性行为、说谎、虐待动物、偷窃问题
    - 心理偏差行为语言方面：发展性语言障碍、口吃
    - 心理偏差行为睡眠方面：夜惊、梦魇、遗尿症
    - 心理偏差行为不良习惯方面：习惯性口腔动作、习惯性阴部摩擦、偏食
    - 幼儿心理健康发展的影响因素：生理因素（遗传因素、后天脑损伤、感觉统合失调）、心理因素（气质、动机、情绪、自我意识）、社会因素(家庭、幼儿园、社会环境、自然环境）
  - 梳理培养幼儿心理健康维护技能
    - 行为主义的方法即行为矫正法：主要特点在于矫正的目标集中于行为而非其他，对拒绝行为的潜在动因进行假设，不重视过去事件的影响，只强调当前环境事件的重要性，比较重视行为改变的测量
    - 常用的行为矫正法：正强化、负强化、负惩罚、正惩罚、反向链锁法、榜样学习法
    - 认知发展的方法即认知疗法：根据认知过程影响情感和行为的理论假设，通过认知和行为技术改变不良认知的一类心理疗法的总称。简单地说，认知疗法是一种通过改变个体不合理或错误的思维、信念的方法来改变不良认知，达到消除不良情绪和行为目的的方法
    - 常用的认知力疗法：合理情绪疗法、自我指导法、改变极端的信念或原则、改变不合理的思维
  - 练习幼儿心理健康维护技能
    - 口述培养幼儿心理健康维护的常用方法
    - 会设计维护幼儿心理健康的活动
    - 会玩、会分享、会总结、会运用

技能高考

一、单项选择题

( ) 1. 幼儿心理健康的最基本条件是________。

A. 智力发展正常 B. 自我意识良好 C. 人际关系和谐 D. 性格乐观开朗

( ) 2. 夜惊是一种常见的幼儿睡眠障碍，主要是由________引起的。

A. 生理因素 B. 心理因素 C. 社会因素 D. 环境因素

( ) 3. 豪豪一遇到不顺心的事，就焦躁不安，甚至打人、踢人发脾气扔东西。这种行为属于________。

A. 情绪问题 B. 品行问题 C. 攻击性行为 D. 行为问题

( ) 4. 父母忽视幼儿的正当需求，对幼儿不信任、不关心，缺乏交流，这种教养方式属于________。

A. 溺爱型 B. 民主型 C. 放任型 D. 专制型

( ) 5. 影响幼儿心理健康的心理因素包括气质、动机、________。

A. 情绪和自我认识 B. 情绪和自我体验

C. 情绪和自我控制 D. 情绪和自我意识

( ) 6. 习惯性口腔动作属于________。

A. 行为问题 B. 不良习惯 C. 情绪障碍 D. 睡眠障碍

( ) 7. 下列行为不属于感觉统合失调幼儿的发展特点的是________。

A. 动作不灵活 B. 表达能力较强 C. 反应过强或迟钝 D. 好动，很难安静

( ) 8. 遗传因素是引起幼儿口吃的主要原因之一，一般口吃患者家庭中的幼儿发病率约为________。

A.26%~45% B.26%~55% C.36%~45% D.36%~55%

( ) 9. 幼儿有时会把幻想、愿望与现实混淆，这种现象是________。

A. 幻想说谎 B. 联想说谎 C. 有意说谎 D. 无意说谎

( ) 10. 下列不属于品行问题的是________。

A. 攻击性行为 B. 选择性缄默 C. 说谎 D. 偷窃问题

二、判断题（正确的打“√”，错误的打“x”）

( ) 1. 无论多大的幼儿，只要提出无理要求，就应该采用独处策略。

( ) 2. 教师对上课表现好的幼儿发“小苹果”作为奖励，这是一种正强化。

( ) 3. 幼儿常常无缘由地，甚至伴随口感头痛，这说明幼儿可能患有幼儿焦虑症。

( ) 4. 幼儿说谎分为有意说谎和无意说谎，有意说谎可能是为了免受责罚。

( ) 5. 学前 3 岁幼儿晚上尿床，白天尿裤子，一定患有遗尿症。

( ) 6. 卧室长期不通风也可能导致幼儿发生夜惊。

( ) 7. 幼儿患寄生虫疾病可能导致其出现习惯性阴部摩擦的行为。

( ) 8. 临睡前应该给幼儿安排大量的活动，这样活动累了，睡眠自然就好了。

(　　) 9. 用正强化、负强化等行为矫正法，可以帮助幼儿建立新的行为习惯，塑造新行为，扭转不良习惯。

(　　) 10. 认知疗法主要是改变幼儿的不合理或错误的思维、信念。

三、简答题

1. 幼儿心理健康的标志有哪些？

2. 影响幼儿心理健康的因素有哪些？

3. 简述幼儿心理健康维护的重要性。

4. 简述幼儿心理健康维护的两大技术。

四、案例分析题

6 岁的虎虎在幼儿园很霸道，经常抢夺他人的玩具，有时甚至会对其他幼儿拳打脚踢。在幼儿园，虎虎很不受欢迎，大家都远远躲着他。

（1）请分析虎虎攻击性行为产生的原因。

（2）如何矫正虎虎的攻击性行为？

参考文献

[1] 王东红，程少根，张晴 . 幼儿卫生学 [M] . 南京：南京师范大学出版社，2018.

[2] 张丹枫，史献平 . 学前儿童发展心理学 [M] . 北京：高等教育出版社，2014.

[3] 王振宇 . 幼儿心理学 [M] . 北京：人民教育出版社，2009.

[4] 吴孟飞 . 幼儿心理与行为指导 [M] . 天津：南开大学出版社，2020.